本书系重庆市人文社会科学重点研究基地重点项目"我国近代科学知识生发研究"（项目号：18SKB038）;西南大学博士基金项目"中国科学教育课程研究"等项目的阶段性成果。

中国蚕桑

科技知识形成与传播

李富强 著

ZHONGGUO CANSANG

KEJI ZHISHI XINGCHENG YU CHUANBO

西南师范大学出版社

国家一级出版社 全国百佳图书出版单位

图书在版编目(CIP)数据

中国蚕桑科技知识形成与传播 / 李富强著. — 重庆:
西南师范大学出版社, 2020.12
ISBN 978-7-5697-0174-6

Ⅰ.①中⋯ Ⅱ.①李⋯ Ⅲ.①蚕桑生产－技术史－中
国 Ⅳ.①S88-092

中国版本图书馆CIP数据核字(2020)第017721号

中国蚕桑科技知识形成与传播
ZHONGGUO CANSANG KEJI ZHISHI XINGCHENG YU CHUANBO

李富强 著

责任编辑:段小佳
责任校对:张昊越
装帧设计:魏显峰
排　　版:吴秀琴
出版发行:西南师范大学出版社
　　　　　　网址:http://www.xscbs.com
　　　　　　地址:重庆市北碚区天生路1号
　　　　　　邮编:400715
印　　刷:重庆新生代彩印技术有限公司
幅面尺寸:170mm×240mm
印　　张:15
字　　数:236千字
版　　次:2021年1月　第1版
印　　次:2021年12月　第2次印刷
书　　号:ISBN 978-7-5697-0174-6
定　　价:50.00元

序言

《中国蚕桑科技知识形成与传播》一书即将出版，这是一件值得庆贺之事！

该书是在李富强博士毕业论文《中国蚕桑科技传承模式研究》的基础上形成的。富强选择该题目作为博士阶段研究方向除了兴趣和专业原因之外，还有一个重要的背景是，2003年11月15日，重庆市人民政府在重庆召开新闻发布会，宣布家蚕基因组框架图绘制完成。此后，我国科学家在该领域连续取得了一系列重要的研究成果，这也意味着"自本世纪以来，我国蚕业科学已步入国际'领跑者'的地位"。在此背景下，从教育学角度研究蚕桑科技知识传承具有重要的意义。

《中国蚕桑科技传承模式研究》一文，先从理论上讨论了传承模式的内涵，然后通过梳理材料讨论了具体的不同类型的传承模式，并在此基础上进一步研究了传承模式的演变。在写作过程中，作者一方面利用文献资料开展研究，另一方面到江苏、浙江、贵州、四川、山西等处进行了实地调查访谈。

在后续的研究过程中，作者从新的视角对蚕桑知识的形成与传播进行探讨，可以说是对前期研究的一种拓展和补充。此次出版时，他对博士论文进行调整修订，并收入了《历史知识论理论》《18世纪关中地区农桑知识形成研究——以杨屾师徒为中心》《清代前期我国蚕桑知识形成研究》《卡斯特拉尼湖州养蚕实践——基于〈中国养蚕法：在湖州的实践与观察〉的研究》《陈宏谋与陕西蚕政研究——兼论其与杨屾的交往》等内容。

近年来，在前期研究基础之上，富强又开始尝试对在物质生产领域具有重要作用的各种"样"进行研究，我也期待他能有更好的作品面世。

廖伯琴

2020 年 04 月

【中国蚕桑科技知识形成与传播】

第一章
历史知识论理论①

　　历史知识论（Historical Epistemology）理论近年来受到越来越多学者的关注。本章主要讨论历史知识论的内涵及其在中国科技史研究中的应用。

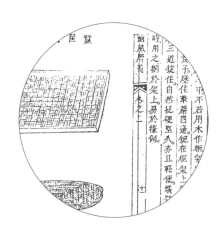

---

① 本文修改后以《历史认识论视角下中国科技史研究》题目发表在《长春师范大学学报》2019年第4期。此处，笔者将 Historical Epistemology 一词译为"历史知识论"。

第一节 历史知识论的内涵

Historical Epistemology 一词是 1969 年由 Dominique Lecourt 描述巴什拉（Gaston Bachelard）①方法特征时从法语中介绍而来，并逐渐在全世界的科学史、科学哲学领域受到关注。其中，德国的 Lorenz Krüger 教授也一直致力于建立历史学与科学哲学之间的桥梁，加强科学史与哲学史的联系②，而 Historical Epistemology 则是表述这些不同联系的有效的词汇，以至于成为成立于 1994 年的马克斯·普朗克科学史研究所（Max Planck Institute for the History of Science, 简称 MPIWG）的引领性概念③，作为该所的核心研究目标至今。

作为理论目标的历史知识论，最初主要研究在历史发展及其与文化、技术、科学社会环境等相互作用背景中，以科学思维和科学知识获得为理论导向的科学史的发展。基于学科历史细节的讨论、原因概括、比较分析，该理论以研究该领域历史的知识论为核心，具体包括对诸如数字、力、因果关系、实验、推理、客观性、决定论、概率论等科学思维基本范畴发展的历史理解。其主要研究范围最初为数学与自然科学，近年来还进一步借鉴具体的案例，囊括实践与观念，在文化、社会及经济语境中嵌入传统主题，跨文化、跨学科研究已成为其特色之一。

但是何谓历史知识论呢？其内涵目前尚未有公认的统一界定。近年来学

① 巴什拉（Gaston Bachelard, 1884—1962）法国哲学家，认为"认识论应建立在实践过程中的唯理论基础上，哲学的任务就是要阐明我们精神的认识过程"。

② Krüger，L. Falsification. Revolution，and continuity in the development of science. In P. Suppes et al. (Eds.). Logic，methodology and philosophy of science. Amsterdam: North-Holland Publishing Company.1973，Vol. IV : 333-343.

③ Renn. J. Address at the opening ceremony of the Institute. The Max Planck Institute for the History of Science. Annual Report 1994[DB/OL].(2019-12-02). http://www.mpiwg-berlin.mpg.de/ANNREP94.HTM .

术界对该词汇的研究可以归纳为以下三类:第一类,认为历史知识论主要是指认知概念(Epistemic Concepts)的历史。该观点认为不能理所当然地认为例如知识、信念、证据、客观性、概率等认知概念拥有非历史的本质而通过概念分析加以确定。因为这些概念以及相关的标准、思想出现在特定的实践与背景中,当其逐渐被应用到一些新的领域时,由于语义流变、背景变迁,以至于往往忽略了其历史,而不能理解其真实的本质。所以,需要研究认知概念的历史[①]。第二类,认为历史知识论主要是指认知事物(Epistemic Things)的历史。持这种观点的学者认为历史知识论的重心集中在物质事物(Material Things)上,而非集中在思想与世界如何联系上,所以强调具体的工具或技术,强调实验系统(Experimental Systems),通过这些,科学家能够挑选出作为其研究对象的特殊现象。他们主要关注知识产生的过程,产生、保持的方式等[②]。第三类,认为历史知识论主要是指科学发展的长期动力(Dynamics of Long-term Scientific Developments)。持该观点的学者通过考察知识的由来,研究主要科学理论的长期发展是连续的或非连续的。他们主要通过以下三个维度实现这个目标:(1)分析不同知识层面与其发展间的关系。(2)研究知识存在其间的物质文化。他们认为知识的发展高度依赖于外部的表现,诸如:探索的工具,语言,表征系统等。而这种物质文化(Material Culture)又决定了被科学研究团体和其存在于其中的社会所分享的知识系统变化的可能的空间。[③](3)分析诸如思想模式、社会分享的知识、挑战性的目标、知识重组等历史的认知的概念(Historical-epistemological Concepts)。[④]

---

① Daston, L. Historical epistemology. In J. Chandler, A. I. Davidson, & H. Harootunian (Eds.), Questions of evidence. Chicago: University of Chicago Press. 1994. pp.282–289;Hacking, I. Historical meta-epistemology. In W. Carl & L. Daston (Eds.), Wahrheit und Geschichte: Ein Kolloquium zu Ehren des 60. Geburtstages von Lorenz Krüger. Göttingen: Vandenhoeck & Ruprecht.1999. pp.53–77.

② Rheinberger, H.J.Toward a history of epistemic things. Synthesizing proteins in the test tube. Stanford: Stanford University Press. 1997.

③ Damerow, P. The material culture of calculation: A theoretical framework for a historical epistemology of the concept of number. In U. Geliert & E. Jablo ka (Eds.), Mathematisation and demathematisation: Social, philosophical and educational ramifications. Rotterdam: Sense Pubi.2006. pp.19–56.

④ Renn, J. The historical epistemology of mechanics. Foreword to Matthias Schemmel, The English Galileo. Thomas Harriot's work on motion as an example of preclassical mechanics. Dordrecht: Springer.2008. pp.vii–x.

通过上述讨论，我们可以认为历史知识论强调在历史的语境中凸显认知，主要讨论认知概念、知识体系、认知方式以及知识标准的历史，及其相互关系。具体而言：第一，讨论什么是知识，什么是知识体系，从知识史的视域研究科学史，在关注现代科学发展的重大转折点时强调实践性知识以及长时间连续性的地位；第二，讨论知识是如何获得的或如何形成的，从实验、知识等角度探索科技创新的实践、概念以及文化条件；第三，讨论知识何以成为标准知识或者不同层面知识之间是如何转化的，跟踪认知范畴的历史，以及对现代科学与文化而言不言自明的根本实践。当然，这里的知识体系、认知方式以及知识标准至少在最初阶段主要是针对近代意义上的自然科学而言的。

第二节　历史知识论视角下中国科技史研究

历史知识论视角下的跨文化研究得到越来越多的重视，20世纪末中西科学的比较研究便作为其一个特点（Hallmarks）得到开展，21世纪初开始，系统、深入的历史认知论视角下的中国科技史研究得到不断拓展，并最终于2013年在马克斯·普朗克科学史研究所成立了"器物、行为与知识"（Artefacts, Action, and Knowledge）研究部门[1]，中国科技史的研究逐渐成为该所的主要研究方向之一。

从历史知识论的角度研究中国科技与文明，"器物、行为与知识"方向主要研究"科技史上概念形成及其历史动力，以及行为者已经借之探索、处理并解释其物质的、社会的、个人的世界的行为经验"。[2]进行该研究的前提假设是：（1）从历史上来看，行为者常常通过诸如规划、排序或设计等程序形式的活动来

[1] 马克斯普朗克科学史研究所原有"知识体系的结构变化"（Structural Changes in Systems of Knowledge）、"理念与理性的实践"（Ideals and Practices of Rationality）、"实验系统与知识空间"（Experimental Systems and Spaces of Knowledge）三个系，2013年因"实验系统与知识空间"系系主任退休，所以该系由"器物、行为与知识"（Artefacts, Action, and Knowledge）系替代。——笔者注
[2] The Max Planck Institute for the History of Science. Research Report 2013-2014.［DB/OL］.（2019-12-02）. https://www.mpiwg-berlin.mpg.de/sites/default/files/mpiwgrr1314_lowres_160503_0.pdf.14.

设想知识的形式和表达;(2)像生命、环境、工作、应用或生产等不同的物质性环节对见证知识的产生贡献良多;(3)科学的技术的理解发生在不同的层面上。

研究科技史上的概念形成及其历史动力,研究与之相关的行为者的行动经验,其前提是研究概念和行为所依附的载体——器物。那么题目中的器物、行为、知识三者间的关系如何?这是理解该理论的基础。

其实,"Artefacts, Action, and Knowledge"中,Artefacts可以理解为器物,此处的器物具体是指承载有人类痕迹的人造物或者自然物,Artefacts作为一种载体,可以是文献、器物、民俗物品,甚至更广泛意义上的承载物,例如"书籍、文本、叙述、记载、条例、建筑、机构、规则、技术、物品、习俗等"[①]。这些承载物是其研究的对象和基础,他们承载着"消失在文献背后的过去",所以具体的研究则是需要挖掘这些Artefacts上面所蕴含的各类信息,并对这些被挖掘出来的信息进行归纳、分析,而后还原、重构人类在创造、作用于该Artefacts过程中的诸如设计、探索、制造等与之相关的一系列活动(Action)。正如Dagmar Schäfer教授所指出的"学者们以概念和主题为中心探索导致变化的合作重组过程、结构以及个体知识,探索在创造、质疑、应用科技知识过程中诸如文献、器物、材料、空间等的变化的角色"[②];而"Artefacts, Action, and Knowledge"中的Knowledge,则是从静态的Artefacts,以及由Artefacts所重构的行为者的系列action中,所折射出来的相关概念及相关的技术、技巧、历史背景等。

强调研究信息的获取、概念的形成、概念形成的历史动力,透过器物、概念所折射的行为者的经验转化等显然是历史知识论视角的理论特点,但是仔细分析显然会发现,用该理论研究中国科技史时,依然会遇到诸如现代意义上的科学、技术等概念是否适合中国科技史研究的问题。也就是说历史知识论与中国科技史相结合时,要有一个中国化的过程。其实,历史知识论视角下中国科技

① 福柯认为"历史乃是对文献的物质性的研究和使用,这种物质性无时无地不在整个社会中以某些自发的形式或是由记忆暂留构成的形式表现出来。这里的文献的物质性包含了书籍、文本、叙述、记载、条例、建筑、机构、规则、技术、物品、习俗等"。Michel Foucault The Archaeology of Knowledge and the Discourse on Language. Pantheon Books, New York.1972 Translated from the French by A.M.Sheridan Smith.
② The Max Planck Institute for the History of Science. Research Report 2013-2014.[DB/OL].(2019-12-02). https://www.mpiwg-berlin.mpg.de/sites/default/files/mpiwgrr1314_lowres_160503_0.pdf .116.

史研究中,对文化、科学、技术等有自己的认识、理解和取舍。所谓的"文化并非那些可以共享的思想和理念的历史积淀物"。①文化不断地由思想和实践的运行来构架,并借助交流得以维持。亦即文化是一种动态的存在。在此背景之下,科学则是指"以著作、传播等形式表达的关于自然、物质加工的知识;其表述一般会追求超越其产生的时间和地点的权威性"。而技术"致力于社会物质网络或系统,包括成套的技巧和设备、训练有素的人员,原材料,理念以及制度"。针对中国文明的特点,研究者们还特别界定了"技巧",所谓的技巧是指"进行物质的知识生产以及器物生产的技术实践",也就是说,技巧成了科学与实践之间的媒介和过渡②。如此,在思想和实践的交互中,科学是经过加工、抽象的更具有普适性的理论的知识,正因为其从实践中来,又经过加工抽象,所以在一定程度上具有脱离一时一地的超越性与权威性,具有更广泛的普适性。与"机器社会"的技术理解相对应,此处的技术则是在科学、技术、社会(STS)层面上的"社会物质网络或系统",是人类实现和创造知识与流程的手段,不仅能解决具体的问题,还能扩展人的能力,是一种具有系统特征的社会历史"variant",这样的社会物质网络或系统本身属于实践的一部分,同时为实践提供了所需的几乎所有的物质保障,在此基础上,技巧作为连结"科学"与"技术"的中间环节,使得"科学""技巧""技术"维持了社会的物质生产与知识建构。从认知的角度而言,此处的科学知识来自技巧、技术等范畴所对应的实践环节,这是一个将实践技巧转化为文字形式的科学知识的"编码"的过程;同时,科学知识又会反过来指导主要由技巧、技术等范畴对应的实践,这个过程则更多是一个"译码"的过程,或者是一个"译码""编码"兼而有之的过程,通过这样的交互过程也实现了科学知识的生产与发展。

历史知识论视角下的中国科技史,研究中国科技史中文献器物数据的考证,探讨知识的产生、传播,知识的标准,研究对象的多元和跨学科决定了其研

① Charles Tilly , "Epilogue: Now Where?," State/Culture: State formation after the cultural turn, George Steinmetz ed.(Ithaca: Cornell University Press , 1999), pp.407–419,411.
② Bray, F. Science, technique, technology: passages between matter and knowledge in imperial Chinese agriculture. The British Journal for the History of Science , Vol. 41, No. 3 (Sep., 2008), pp.319–344.

究方法的多元性,所以综合运用文献研究、比较研究、考古学研究、人类学研究等方法成为其研究的特点之一。

第三节　历史知识论视角下中国科技史研究特点

历史知识论作为一种研究中国科技史的新视角,与其他视角相比,具有如下的特点。

一、从跨学科角度关注知识的形成与传播

历史知识论视角下的中国科技史研究,重视物质资料的研究,对物质资料进行解码,发掘其间的信息,而后在研究这些信息的基础上,还原、重构该物质资料形成过程中所体现的制造者、研究者的行动、思想、设计、规划,以及实践活动,从而发现隐藏在物质资料背后的东西,进一步从不同层面讨论相关知识的形成、发展与传播,讨论相关影响因素。这种还原、重构是与其相关社会、历史背景紧密联系的,所以需要运用考古学、人类学、艺术、统计学、自然科学等多学科的研究方法和视野。

此外,这也是该视角与传统意义上历史认识论的重要区别之一。19世纪下半叶到20世纪,西方历史哲学从思辨向分析与批判转变,从对历史本身的思考向对历史知识性质的分析、主题认识能力等方面转移。在此大背景下,国内外的历史认识论研究也开始重点关注历史认识主体、历史认识客体、历史认识的相对性、历史事实概念等内容。而本章所讨论的 Historical Epistemology 则关注科学史、科学哲学领域知识概念的形成、发展、传播。

二、重视图、样等在研究中的价值和作用

在历史知识论视角下的中国科技史研究中,"图"与"样"具有独特的作用和价值。

此处的"图"主要是指古籍中与文字互为表里的具有解释、说明等功能的插图,一般被分为示意图、具象图两类。前者主要是作为一种象征性的中介,引导读者在文字阅读的基础上进一步理解,或者将这类设计、思想转化为具体的实践活动;后者则在意图和认知操作方面更接近现代意义技术插图,通过更加详细的描绘、更为丰富的信息、更具操作性的提示引导读者。

此处的"样"可以理解为一种行业生产标准或模型,包括主要由政府应用的官样,也包括民间使用的样。"样"可以说是处于生产链条两端的生产者(各类工匠、技术官员)和消费者(皇帝、政府官员、普通消费者)实现互动沟通的主要媒介。以官样为例,根据类型不同,可分为:实物官样(作为样本进行仿制的已有实物)、画样(内府画工根据设计者的意图绘制的作为制造对应器具、物品主要依据的图案)、木样(旋木为样)、蜡样(拨蜡为样)、合牌样(古建筑术语中的烫样,用硬纸粘合而成)等。

如果说对设计者和生产者而言,图作为一种相对抽象的信息源的话,那么各类不同的样,则无疑因为其立体、具象、相对廉价,所以更有利于生产中不同方的沟通和交流,这也是物质生产过程中大量使用各类样的重要原因。

在生产实践过程中不同类型的图、样是如何发挥其功能的呢?将实践操作器具、过程转化为文本插图是一个编码的过程,这种编码的结果使得相关著作作为一种信息载体,保存并传递了人类的科学知识与技术;而相反的过程则是一个解码的过程,把相关的图、样作为各类信息的载体,从中发掘所需要的关于知识产生、转化等方面的信息,这也正是图、样在中国科技史上的最大功能。从更广泛的角度而言,如果说近代意义上的物理学中的物理模型是从真实世界中经过思维加工、抽象得出来的理想化的模型的话,那么相反,图、样,尤其是各类不同的样则是制作者、设计者的各种理念具体化的产物,无疑,这类经过编码、译码的图、样同样是知识产生、传播、创新的载体。这也正是历史认知视角下中国科技史研究重视图、样研究的原因。

三、重视在中国文明语境中讨论中国科技史

在中国文明的语境中讨论中国科技史主要体现在如下两个方面:第一,如

前所述,研究者们在研究中国科技史时界定了科学(Science)、技术(Technology)、技巧(Technique)等概念,而科学、技术,尤其是技巧,这些概念的界定是在对中国文明中对应内容及其背景进行详细、系统的研究基础之上进行的,与一般意义上的科学、技术概念相比,这些概念更能反映中国科技的内涵与外延;第二,从中国思想史、中国哲学等维度等出发,还原知识、技术的形成、转化,特别是传统思想、理念是如何转化为研究者的知识结构,继而是如何落实到实践活动之中,是如何影响知识的形成与表达,从而可能揭示出中国科技文明中知识产生、转化、传播等问题的特点,并最终可能揭示出中国文明的特点。

四、重视研究资源建设与学术交流

前文讨论了"物质资料"的重要性,为了搜集相关内容,研究者们积极致力于探索发现合适的科学史资源的新方式,特别是使用信息储存和检索的新媒介,近年来纸质、器物、电子资源等建设促进了研究的发展。

此外,该领域相关研究者通过多种渠道开展各类学术活动以加强学术交流。其具体措施有:通过 Get-It-Published 项目建立国际学术平台,将各地年轻学者的学术成果介绍给国际学术界;通过多媒体建立交流平台以激发新的研究视角和受众,例如 The Sound of Silk 项目;通过合作研究吸引世界各地的学者参与项目研究,例如 Artist-in-Residence Scheme;每两年举办一次有世界各地相关学者参加的学术论坛等。

历史知识论最初由马克斯·普朗克科学史研究所将其作为其研究目标,并渐次将其应用到中国科技与文明的研究之中,但作为研究中国科技史的视角之一,该理论早已开始被一大批世界各地的研究者所采用,其研究成果为我们建构了动态的社会背景中知识的形成与发展的立体交互场景,使我们对中国科技与文明有了更加深入的理解。当然,历史知识论本身以及历史知识论视角下的中国科技史研究均处在发展的过程之中,在关注知识形成发展的社会背景的同时,从中国科学技术自身发展的内在理路探讨其逻辑与传承等问题尚需进一步的探索与研究。

第二章
18世纪关中地区农桑知识形成与传播研究

——以杨屾师徒为中心①

"农不知'道',知'道'者又不屑明农"。如果一个人,既知"道",又明农,无疑对蚕桑知识的形成和发展具有重要的促进作用。康乾时代,生活在关中平原的杨屾是历史上既知"道",又明农的蚕学家的代表。因杨屾先生的实践活动和现代意义上的实验科学具有不同,且其自身常用"试验"一词,所以本章以试验称之。

---

① 本部分修改稿以《18世纪关中地区农桑知识形成与传播研究——以杨屾师徒为中心》为题发表于《自然科学史研究》2017年第1期。

明清之际的战争、灾荒给关中地区的社会发展带来了巨大的冲击,以致"时代屡更,民多迁业",使得从来"较他省易为力"①的关中农业,尤其是蚕桑业受到巨大冲击,出现了"秦中无衣"的局面。随着社会稳定,政府劝课农桑,整个18世纪关中地区的农桑业得到恢复和发展,尤其是自宋元以来逐渐式微的蚕桑业一度繁荣。这一时期该地区出现了以《区田圃田说》②《豳风广义》③《知本提纲》④等为代表的一批农学著作,内容涉及耕、桑、树、畜等多个方面。这一时期该地区农桑知识的特点体现在:农学理论得到进一步的发展;农桑知识多是在研究者多年亲自试验基础之上得到的,且他们的实践动机、知识获取、知识表达、知识传播等都独具特点,因此值得深入讨论。

本部分从"历史知识论"(Historical Epistemology)视角入手,在研究《豳风广义》《知本提纲》《修齐直指评》以及相关地方志等资料的基础上,以杨屾师徒的实践活动为中心,主要从生平著述、实学思想、实践活动、知识形成、知识传播等维度,讨论杨屾先生的实学思想是如何形成的,其农桑实践活动是如何开展的,其农桑知识是如何形成、如何论证、如何表达的,其农桑著述是如何传播的等。试图以此揭示18世纪我国北方农桑知识形成的具体过程,揭示从实学思想,到农桑实践活动,再到农桑知识的形成与传播等的内在理路及逻辑关系。

---

① [清]鄂尔泰,等.授时通考[M]//范楚玉辑.中国科学技术典籍通汇·农学卷·第4册.郑州:河南教育出版社,1994:825.
② [清]王心敬.区田圃田说[C]//贺长龄编.皇朝经世文编.台北:文海出版社,1960:1315-1317.
③ [清]杨屾.豳风广义[M]//范楚玉辑.中国科学技术典籍通汇·农学卷·第4册.郑州:河南教育出版社,1994:205-303.
④ [清]杨屾.知本提纲[M].乾隆十二年刻本.

第一节　生平著述

杨屾,字双山,陕西省兴平县(今兴平市)桑家镇人,生于康熙二十六年丁卯(1687年),卒于乾隆五十年乙巳(1785年)。据《兴平县志》记载,杨屾"少出周至大儒李中孚之门,中孚许为命世才。屾遂潜心圣学,不应科举,自性命之源以逮农、桑、礼、乐,靡不洞究精微"[①],杨屾乡人刘芳也提到其"自髫年即

图2-1　双山祠之明经洞,2019年6月,作者拍摄于陕西兴平桑镇双山村

抛时文,矢志经济,博学好问。凡天文、音律,医、农、政治,靡不备览。"[②]他除了教学之外,生平主要用力于研究并推广农、桑、树、畜等所谓"四端"。

根据现有资料,可以勾勒出与其农桑实践活动及著书立说的主要事件如下:

雍正三年(1725年),游南山,见槲、橡满坡,开始试验用槲树、橡树养蚕,这一实践活动至少持续了十多年。

雍正七年(1729年)至乾隆六年(1741年),试验养蚕、缫丝、纺织;养素园作为其农桑实践及讲学基地,当建立于1729年前后。

乾隆三年(1738年),《知本提纲》一书成稿。

---

① [清]王权.乾隆兴平县志·士女续志·文学传·卷二[M].光绪二年刻本.近年来有学者对杨屾是李颙学生的观点质疑,对此,笔者认为,在没有直接证据的情况下,从旧说。

② [清]刘芳.豳风广义·序[M]//范楚玉辑.中国科学技术典籍通汇·农学卷·第4册.郑州:河南教育出版社,1994:207.

乾隆五年(1740年),《豳风广义》一书二易其稿,由门人巨兆文、史德溥开始校订,杨屾之子杨生洲也参与该书编辑工作;该年,刘芳为该书作序;《豳风广义》在该年开始刻板。

乾隆六年(1741年),著《豳风广义·弁言》,并上书时任陕西布政使帅念祖《上蚕桑实效书》;王章为该书作序。

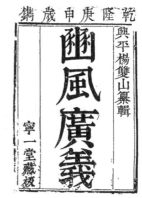

图2-2 宁一堂本《豳风广义》

乾隆七年(1742年),时任陕西布政使帅念祖为《豳风广义》作序。该年,《豳风广义》刻印出版;"以传统形式出现的最后一部大型农书"官修《授时通考》武英殿本也于该年刻印出版。

乾隆九年(1744年),杨屾作为技术负责人参与时任陕西巡抚的陈宏谋的蚕桑推广活动,杨屾的蚕桑推广实践至少持续到乾隆三十四年(1769年)前后,在此期间,陈宏谋为表彰杨屾在蚕桑领域的贡献,为其颁发匾额,并写有《给匾奖励养蚕监生杨屾檄》。

乾隆十二年(1747年),杨屾为《知本提纲》写序并刻印[1]。

乾隆三十三年(1768年),临潼齐倬来学。《修齐直指》一书由杨屾著,齐倬注。

乾隆三十六年(1771年),杨屾完成《修齐直指》。

乾隆四十一年(1776年),齐倬完成《修齐直指》注疏。

由于杨屾在农桑领域的贡献,身后被立祠纪念。"道光中巡抚杨名扬,下令兴蚕桑,见《豳风广义》,大善之,并其他书上闻宣宗,手谕褒嘉,命祀乡贤祠,后县令杨宜瀚为建专祠"。[2]

另外,杨屾弟子据说有数百人,这些弟子中应该有不少人直接参与其农桑实践活动及著述。其中参与著述的主要有长安举人郑世铎、临潼齐倬、富平刘梦维,以及其子杨生洲。据记载,"屾书注解多出生洲与世铎手"[3]。

---

① [清]杨屾.知本提纲[M].乾隆十二年刻本.
② [民国]宋伯鲁.续修陕西通志稿·卷七十五[M].民国二十三年铅印本.
③ [清]王权.乾隆兴平县志·士女续志·文学传·卷二[M].光绪二年刻本.

第二节 实学思想

明末清初的实学思想和实践,从不同层面上直接影响了杨屾实学思想的形成和发展。

一、时代思想背景

明清易代,以顾炎武、黄宗羲、方以智、朱之瑜等人为代表的知识分子在批判陆王心学流弊的同时,大力提倡经世致用之学。

黄宗羲虽师从王学大师刘从周,但提倡"矫良知之弊,以实践为主";顾炎武提出"士当求实学,凡天文、地理、兵、农、水、火及一代典章之故,不可不究"[①];朱之瑜提倡实理、实政、实学、实功、实践[②];方以智倾心于西学,注重以实测、实证、实功为特点的"质测通几"之学,提出"欲挽虚窃,必重实学"[③],并认为"农书、医学、算测、工器,乃是实务"[④],在其所著的《物理小识》《通雅》两书中保留了大量他亲自验证过的科学史料。由以上所举数例可知,实学的基本特征是"崇实黜虚",提倡经世致用。不同学者从不同侧面提倡经世致用思想,促进了学术界从心学向实学的转向。这是杨屾先生生活时代的大的思想背景。

从后来发展来看,与清初政府提倡的程朱理学相比,"经世致用"之实学显然对"自髫年即抛时文,矢志经济"的杨屾影响更大。

① [清]顾炎武.顾亭林诗文集·三朝纪事阙文序[M].北京:中华书局,1983:155.
② [明]朱之瑜.朱舜水集·卷九[M].北京:中华书局,1981:369-387.
③ [明]方以智.东西均·道艺[M].北京:中华书局,1962:86.
④ [明]方以智.通雅·藏书删书类略[M].北京:中国书店,1990:39

二、关中思想背景

有充分的资料表明上述的实学思潮在杨屾生长其中的关中地区,也具有深厚丰沃的理论和实践基础。

首先,关中大儒李颙提倡"明体适用"之学。李颙,字二曲,陕西周至人,即前文所述杨屾老师李中孚。所谓"明体适用"即"明道存心以为本,经世宰物以为用""穷理致知,反之于内,达之于外,则开物成务,康济众生"①,由此可知二曲提倡经世致用实学的特点是体用并重。李颙先生曾口授《体用全学》书目②,由该书目也可以看出他强调在"明体"基础上注重"适用"。其适用的范围至少包括史学、典章制度、律令、农业、水利、兵事等。此处需要强调的是,其中也包含了《地理险要》《农政全书》《水利全书》《泰西水法》等著作。此外,顾炎武晚年定居陕西华阴,与李颙③、李因笃④等当地一些学者、官员过从甚密,对当地实学思想的发展起到了促进作用。上述学者都强调"经世致用",虽然方式和侧重点有所不同。

如果说由李颙、顾炎武及以他们为代表的一批知识分子为关中地区"经世致用"主要提供理论基础的话,接下来我们进一步分析其实践基础。

李颙先生的弟子王心敬,字尔缉,号丰川,陕西户县人,"二曲门人惟丰川最知名"⑤。王心敬发展了其师的"明体适用",提出"全体大用,真体实工",他在井利、水利、区田、圃田等方面都有实际贡献。

他在《与张屺庵邑侯书》中指出:"昔岁,敝乡之旱……即归,仿古渠田之法,汲井灌田,及秋竟旱,颗粒无收,而某家独有数十石之获。"⑥也正是基于这种自身实践基础之上的结论,所以希望将其推广。他在写于雍正十年(1732年)的《井利说》中进一步提出"水利为救旱第一义",并详细讨论了凿井技术及推广策

---

① [清]李颙.二曲集•周至问答•卷十四[M].北京:北京天华馆印,1930.
② [清]李颙.二曲集•体用全学•卷七[M].北京:北京天华馆印,1930.
③ [清]吴怀清.关中三李年谱•二曲先生年谱[M].西安:陕西师范大学出版社,1987:25,69,71.
④ 周可真.顾炎武年谱[M].苏州:苏州大学出版社,1998:309-310,435.
⑤ [清]刘古愚.修齐直指评•总评[M].西安:陕西通志馆印,1904.
⑥ [清]王心敬.雍正陕西通志•与张屺庵邑侯书•卷九十三[M].文渊阁四库全书本.

略①。《区田圃田说》中记载,通过亲自实践之后,他还用自己的试验结果修正了古书的结论②。在王心敬的实学思想与实践影响下,其"长子功以选贡为安福令,实心实政,洁已爱民,手著《蚕桑成法》一书,教民树桑养蚕,邻邑皆争效之"。③

除了关中地区民间的实学思想及实践,时任陕西巡抚、布政使的崔纪、陈宏谋、帅念祖等一批地方官员也积极提倡农桑实践,乾隆二年(1737年),崔纪抚陕时读到王心敬的《井利说》,曾上书朝廷要求推广;乾隆九年(1744年)、十五年(1750年)陈宏谋抚陕时读到该文,同样劝民凿井抗旱。④尤其是陈宏谋,"在陕西,慕江浙善育蚕者导民蚕,久之利渐著,高原恒苦旱,劝民种山薯及杂树,凿井两万八千有奇,造水车,教民用以灌溉。"⑤上述这些活动同样得到了乾隆皇帝的及时响应和支持。

由此,我们有理由认为在杨屾生活的时代,在全国范围内黄宗羲、顾炎武、王夫之、方以智、朱之瑜等人为代表的知识分子群体提倡实学,并成了时代风气;在关中地区则既有以李颙、王心敬等为代表的实学思想的倡导者,也有王心敬、王功父子所代表的实学实践者,同时还有以崔纪、陈宏谋、张岣庵为代表的各级官员在推动农桑实践的发展。在此立体背景之下,我们便不难理解"近二曲之乡"且受二曲亲炙的杨屾的实学思想形成及实践活动开展的渊源了。

三、双山实学思想

实学思想的核心是崇实黜虚,是实证、实测、实践,是经世致用,在此思想的影响下,杨屾的实学思想主要体现在如下几点。

第一,学经世致用之实学。刘芳说他"自髫年即抛时文,矢志经济,博学好问。凡天文、音律、医、农、政治,靡不备览"。齐倬也提到双山"自少读书,即不

---

① [清]王心敬.井利说[C]//贺长龄编.皇朝经世文编.台北:文海出版社,1960:1365.
② [清]王心敬.区田圃田说[C]//贺长龄编.皇朝经世文编.台北:文海出版社,1960:1315-1317.
③ [清]鲁泉.陕西志辑要·卷一[M].道光七年刻本.
④ [清]陈宏谋.通查井泉檄[C]//贺长龄编.皇朝经世文编.台北:文海出版社.1960:1365-1370.
⑤ 赵尔巽等.清史稿·列传九十四·卷三百零七[M].北京:中华书局,1977:10561.陈宏谋在陕推广蚕桑具体内容见本书《陈宏谋与陕西蚕政——兼论其与杨屾的交往》部分。

喜贴括,所习皆实落经济"。①《兴平县志》记载他"不应科举,自性命之源以逮农桑礼乐,靡不洞究精微"。由此可以推知:由于时代风气所及,杨屾自小便学习于国计民生有补的实学,所学范围包括天文、农学、医学、音律、政治等,而且在这些方面均有较深的造诣。

第二,以实践活动验证成说,开拓新知。在农桑实践活动中,杨屾通过寻访、搜集得到大量的已有成说,包括直接经验以及具体书本知识。对于这些已有知识,杨屾皆不盲从,一一亲自验证,验证结果与所说相符则接受,若有不同则通过反复试验,以试验的结果修正已有成说,而在验证过程中往往也探索出以前未有的新知识。杨屾将试验验证作为其探索知识的一种方式,在验证的过程中,观察、分析、比较、归纳、解释、推理等思维方法都得到了具体的应用。

第三,解决生活中的各类具体问题。除了本文重点讨论的农桑实践活动以外,文献记载杨屾所解决的实际问题主要有:教化一方,解决争端。"化行一乡,乡人有事谋焉,有争决焉""吾乡去城邑甚远,贸易不便,先生相地集众,立为日中之市,乡人便之"。行医乡里。"邻家牛误吞铁钉,屾与一方,药仅常品,钉应时下,医者皆不解"。移风易俗。"尝约先儒礼论酌立丧祭仪式,行之其家;又嫉女子裹足为敝俗,欲上书请禁,未果,亦自行于家,教人以为已为宗。"②

也正是因为杨屾之学的以上特点,所以乡人刘芳称其"功有实功,效有实效"③,百余年后,"官绅久钦其学为实学,业为实业"④。

李颙先生提倡明体适用之学,王心敬进一步提出"全体大用,真体实工",与李颙相比,王心敬父子在用的一方走得更远,上述区田、圃田、井利等皆属于这一方面。齐倬在《豳风广义·跋》中提到杨屾"学以格物穷理知本复性为要",也就是说杨屾也同时注重体用两端,延续了二曲家法。当然,从用的方面讲,杨屾

---

① [清]齐倬.豳风广义·跋[M]//范楚玉辑.中国科学技术典籍通汇·农学卷·第4册.郑州:河南教育出版社,1994:293.

② [清]刘芳.豳风广义·序[M]//范楚玉辑.中国科学技术典籍通汇·农学卷·第4册.郑州:河南教育出版社,1994:207-208.

③ [清]刘芳.豳风广义·序[M]//范楚玉辑.中国科学技术典籍通汇·农学卷·第4册.郑州:河南教育出版社,1994:208.

④ [清]刘古愚.修齐直指评·总评[M].西安:陕西通志馆印,1904.

在天文、医学,特别是农桑实践领域取得了更大的成就;而从体的方面讲,杨屾提倡的知本复性的"性"则已不限于二曲和丰川所指的"性"了①。

那么接下来的问题便是杨屾的实学思想是在什么样的背景下如何转化为其具体的实践活动的呢? 杨屾师徒是如何通过具体实践活动探索、论证、表达其农桑知识的呢?

第三节 实践活动与知识形成

杨屾的农桑实践活动与农桑知识形成是一个有机整体,为了讨论方便,接下来分别从实践动机、实践活动、知识形成、知识论述、知识表达等部分分别展开。

一、实践动机

杨屾通过分析认为当地百姓"丰凶俱困,衣食两艰"②,一旦遇到荒歉,便背井离乡、流亡载道,其最根本的原因是秦中无衣。"秦人自误于风土不宜之说"③,知农却弃桑,需要卖粮买衣,所产粮食既要满足吃饭、纳税,还要用来换取衣物,随着人口增多,生计便更加困顿。所以"凶荒虽起于乏食,而其实早胎于无衣"④。如果兴蚕桑,在不妨碍现有粮食生产(不占用现有耕地)前提条件下,若每家一年能取丝三五斤,便能完成通省赋税;如果在此基础之上还能取水丝一

---

① 吕妙芬.杨屾《知本提纲》研究——十八世纪儒学与外来宗教融合之例[J].中国文哲研究集刊,2012(40):83-127.

② [清]杨屾.豳风广义[M]//范楚玉辑.中国科学技术典籍通汇·农学卷·第4册.郑州:河南教育出版社,1994:210.

③ [清]杨屾.豳风广义[M]//范楚玉辑.中国科学技术典籍通汇·农学卷·第4册.郑州:河南教育出版社,1994:210.

④ [清]杨屾.豳风广义[M]//范楚玉辑.中国科学技术典籍通汇·农学卷·第4册.郑州:河南教育出版社,1994:210.

斤,便可满足中等人家一年的衣服需求;若能取数十斤,"便成中人之富"①。如此,便可解决关中地区衣食问题。然而,衣食问题解决,只解决了养的一部分,因为"农非一端,耕、桑、树、畜四者备,而农道全矣"②,所以他同时提倡耕、桑、树、畜等所谓"四端"。

杨屾认为经世大务不外乎教、养两端,而且养先于教。满足"养"的前提条件下,便可以进一步实现"教"的目标。"养之以农,卫之以兵,节之以礼,和之以乐,生民之道毕矣"③,如此便可实现其所谓的"修齐治平"的目标,"丰岁习于礼仪,荒歉免于流亡"④,最终达到本固邦宁。

解决秦中无衣这一问题可以说是杨屾师徒蚕桑实践活动的直接动力和出发点。而从耕、桑、树、畜四端入手,实现修齐治平的目标,这既是杨屾实学思想在实践领域的延伸,也是儒家文化体系中的应有之义。

二、实践活动

在解决秦中无衣、改进秦中农耕技术这些问题的过程中,杨屾师徒搜集、阅读相关文献资料,进行调查寻访,制作试验器具,亲自进行反复的试验验证。

(一)调查寻访

调查寻访是杨屾师徒获得农桑知识和相关信息的重要途径之一。他们的调查寻访主要包括搜集、调查、研究文献资料,寻访了解或者直接参与蚕桑生产的相关人员。

分析现有资料可以发现,在寻求树桑养蚕之法以及织工缫丝之具的过程中,杨屾经历了艰难的文献搜集的过程,如"遍求专门蚕书如《淮南王蚕经》《杨

①[清]杨屾.豳风广义[M]//范楚玉辑.中国科学技术典籍通汇·农学卷·第4册.郑州:河南教育出版社,1994:299.
②[清]杨屾.豳风广义[M]//范楚玉辑.中国科学技术典籍通汇·农学卷·第4册.郑州:河南教育出版社,1994:209.
③[清]杨屾.豳风广义[M]//范楚玉辑.中国科学技术典籍通汇·农学卷·第4册.郑州:河南教育出版社,1994:210.
④[清]杨屾.豳风广义[M]//范楚玉辑.中国科学技术典籍通汇·农学卷·第4册.郑州:河南教育出版社,1994:299.

泉蚕谕》《齐民要术》《士农必用》数年，无一得"①，这也从一个侧面反映了清代中前期关中地区民间农书的缺乏。在其具体的研究过程中，后来所搜集到的一些文献资料发挥了重要的作用。在最初试验木棉、麻、苎等作物没有取得理想效果的情况下，他研读《诗经·邠风》《孟子·王道》等文献，顿有所悟："夫邠、岐具属秦地，先世桑蚕载在篇什可考，岂宜于古而不宜于今与"②，这可以说是其后来一系列蚕桑活动的一个转折点。如果说《诗经·邠风》《孟子·王道》等文献资料使其具有了树桑养蚕的思路和计划，那么以《农政全书》《士农必用》《务本新书》等为代表的一系列书籍则为落实这些计划、为其进一步实践和研究提供了专业的知识和技术信息。

除了搜集研究文献资料，杨屾师徒还进行了广泛、深入的调查。这种调查包括以下几个方面：第一，寻访优良蚕种、桑种。例如"秦中桑务久失，无人种植，幸而其种皆在，余近岁觅访得绝佳桑种，其叶丰肥胜于南桑"③。第二，寻访树桑养蚕的知识。《豳风广义》书中随处可见的作者对不同地域蚕桑技术的点评，如在讨论初蚕下蚁时间时提到"凡各省养蚕，下蚁之时不同，广东立春、四川惊蛰、浙江清明，我秦中谷雨前三四日"④。而讨论到秦中曾有过的"剥桑技术"时，提到"洛阳、河东亦同，山东、河朔则异于是"⑤。第三，寻访蚕桑业发展相关信息。例如"康熙三十二年，汉中府郡守滕天绶、洋县令邹溶，两年间，栽桑一万二千二百余株……汉南九署，蚕桑大举，独洋县最盛"⑥。这些从蚕种、桑种到相关技术以及蚕桑业发展状况等信息的获得，都是建立在广泛、深入的调查研究

①[清]杨屾.豳风广义[M]//范楚玉辑.中国科学技术典籍通汇·农学卷·第4册.郑州：河南教育出版社,1994：212.
②[清]杨屾.豳风广义[M]//范楚玉辑.中国科学技术典籍通汇·农学卷·第4册.郑州：河南教育出版社,1994：211.
③[清]杨屾.豳风广义[M]//范楚玉辑.中国科学技术典籍通汇·农学卷·第4册.郑州：河南教育出版社,1994：229.
④[清]杨屾.豳风广义[M]//范楚玉辑.中国科学技术典籍通汇·农学卷·第4册.郑州：河南教育出版社,1994：254.
⑤[清]杨屾.豳风广义[M]//范楚玉辑.中国科学技术典籍通汇·农学卷·第4册.郑州：河南教育出版社,1994：234.
⑥[清]杨屾.豳风广义[M]//范楚玉辑.中国科学技术典籍通汇·农学卷·第4册.郑州：河南教育出版社,1994：301.

基础之上的,这也为其进一步的蚕桑试验以及生产奠定了坚实的基础。

(二)试验条件

农桑实践条件会直接影响试验活动的开展方式、过程及效果,也可以真实反映某一历史时期农桑知识和实践的发展状况。此处的试验条件主要是指试验场地(养素园)建设和养蚕器具置备。

图2-3 养素园现状,2019年6月,作者拍摄于陕西兴平桑镇双山村

杨屾于雍正七年(1729年)开始正式养蚕,所以他说"岁在己酉,始为养蚕"[1],他用来进行农桑实践的"养素园"应该建立在这一时期前后。养素园中的建筑及配套设施包括院墙、门楼、窑洞、四时花木、假山莲池、讲亭、厨房、水车;其中种植桑树、梨树、苹果、槟子、葡萄、石榴、红果、白果、韭、百合、山药、菠菜、白菜、瓜、豆、药材等,并且蓄养猪、羊、鸡、鸭等家畜。这些建筑应当就包含了蚕桑试验的场地,而桑树、梨树,以及猪、羊、鸡、鸭等应该就是其研究对象。此外,养素园不仅是农桑实践的场所,同时也是其教学、生活的场所,如其所云"以园制为士人养高助道之资"[2]。

杨屾在"博访树桑养蚕之法,织工缫丝之具"的基础上,亲自制作必要的养蚕、缫丝、纺织的工具,而且在制作时"无不按其规程,尽其法度"[3]。这些工具具体包括预织蕈薦、箔曲、蚕网,预编蚕筐、蚕盘,预造蚕槌、蚕架,预备蚕匙、蚕筛、蚕椽、蚕杓、蚕室等养蚕必备的器具,以及缫丝、纺织等工具,此外还要预收蚕食、簇料、火料、蓐草,预置火具等。这些器具作为蚕桑生产的必备工具,保证了蚕桑实践活动的顺利开展,同时也为我们还原了蚕桑生产的具体细节。通过这

① [清]杨屾.豳风广义[M]//范楚玉辑.中国科学技术典籍通汇·农学卷·第4册.郑州:河南教育出版社,1994:211.

② [清]杨屾.豳风广义[M]//范楚玉辑.中国科学技术典籍通汇·农学卷·第4册.郑州:河南教育出版社,1994:293.

③ [清]杨屾.豳风广义[M]//范楚玉辑.中国科学技术典籍通汇·农学卷·第4册.郑州:河南教育出版社,1994:297.

些试验条件我们可以推断出杨屾师徒在养素园中的农桑实践场景和具体环节。

图2-4 《豳风广义》中养素园图1　　　　　图2-5 《豳风广义》中养素园图2

(三)试验活动

杨屾师徒有意识地把试验作为验证其农桑知识的一种手段,他们的农桑试验活动是具有一定设计和规划的。

杨屾的试验活动可以说分为两个阶段。首先是试验种植木棉、麻、苎,具体过程因资料阙如而较难还原,但其结果是"厥成维艰,殚精竭虑,未得其善"①。这一阶段的试验结果促使他开始转向蚕桑生产领域的探索。

第二阶段的试验至迟在雍正三年(1725年)便已开始。这一年杨屾"游南山,见槲、橡满坡,知其有用,特买沂水茧种令布其间"②。在此之前,通过文献阅读或者调查,他对柞蚕生产的具体知识和技术应该已经具有相当的了解,所以才会有此次用槲树、橡树树叶养柞蚕的实践,此次实践持续了较长的时间,乾隆

① [清]杨屾.豳风广义[M]//范楚玉辑.中国科学技术典籍通汇·农学卷·第4册.郑州:河南教育出版社,1994:210.
② [清]刘芳.豳风广义·序[M]//范楚玉辑.中国科学技术典籍通汇·农学卷·第4册.郑州:河南教育出版社,1994:207.

五年(1740年),刘芳为《豳风广义》作序时,仍然提到"至今利之"①,所以其试验结果应该是相对比较理想的,这应该也是《豳风广义》中《养槲蚕说》《纺槲茧法》等知识的实践来源。

经过前期"自树桑数百株",并预置器具等精心准备,杨屾于雍正七年(1729年)开始正式养桑蚕。第一年的养蚕试验取得了成功,所缫水丝光亮如雪,质量较高,可以用来做纱、罗、绫、缎等,"织成提花绢帛,灿然夺目",其门人巨兆文等见证了这一试验结果。此后,他又连续多年进行试验与生产,之所以经过十多次的重复试验,是因为"第天时犹未尽谙,古法犹未尽试,新法恐未尽善"②,由此可知:杨屾亲自参与了树桑、养蚕、缫丝、纺织等种桑养蚕的生产全环节,这种全环节的实践参与使其能更加全面的理解、总结、探索蚕桑生产的相关知识;他有意识地以试验作为一种手段探索养蚕过程中最佳的时节,以达到"天时尽谙";他通过不断地重复试验,一一验证树桑养蚕的"古法",从中也可见其实事求是的态度;他在不断地重复试验中,不断探索一些新的方法和技术,并通过再次的试验对"新法"进行验证和完善。

此处以树桑养蚕为例讨论杨屾的农桑实践活动,事实上其实践活动远不止此,上文所提到的桑树、梨树、苹果、槟子、葡萄、石榴、红果、白果、韭、百合、山药、菠菜、白菜、瓜、豆、药材等,以及猪、羊、鸡、鸭等应该都在其实践范围之内。

三、知识形成

在农桑实践过程中,杨屾师徒是如何探索并获得知识的呢? 他们最初的知识来源于调查寻访、书籍资料等,而后他在实践活动中通过试验对所得到的知识进行验证,试验一方面验证已有的知识,同时还可能产生新的知识。

如何通过试验得到知识,先来看一个案例:

> 柔桑多无子,必须盘条,秋暮农隙时,预掘成区……上熟粪一二

①[清]刘芳.豳风广义·序[M]//范楚玉辑.中国科学技术典籍通汇·农学卷·第4册.郑州:河南教育出版社,1994:207.

②[清]齐倬.豳风广义·跋[M]//范楚玉辑.中国科学技术典籍通汇·农学卷·第4册.郑州:河南教育出版社,1994:294.

升，与土相和，纳于区内，宜北高南下，留冬春雨雪……于腊月拣肥大鲁桑……素日验看停当，嫩条二三枝，通连为一科，用快刀砍下，每四五十条与旱草相间，共作一束卧于向阳坑内……以土覆起高堆，侯春分前三五日取出坑内桑条，即将预先掘下区子刨开，下水三四升，撒粟二三十粒，将桑条盘成圆圈，以草索缚定，卧放区内，外露出稍尖三四寸，填土尺余厚，宜筑令实。另以虚土另封条尖，枝上芽生，虚土自脱。先于区南种蓖麻以遮烈日……芽条长高砍去旁枝，数年则成矣……右古法也可十活五六……余试得一捷要之法，于九十月间拣最好的柔桑条子，或单枝或二三相连砍来，将园中地造成畦子……每相去八九寸盘一条，每畦两行须筑令实，少露桑条稍尖，随即浇过，次日再盖浮土一层，冬月可浇一两次，以腐草苫盖，迨至春月搂去，三四日一浇，立夏以后二三日一浇，总不使地皮干燥。上搭矮棚，遮蔽烈日，昼舒夜卷，处暑后撤去，此法十活七八……有一人效余盘栽桑条，诸法皆备，但不曾搭棚，为烈日所晒，其后只活十一二。①

从这则材料可知：

第一，盘桑条"古法"应该是通过文献阅读或者寻访得来的间接经验，但杨屾师徒对该间接经验进行了直接的试验验证，间接经验转换成了其直接经验。在何时操作什么、如何进行操作、在操作过程中应注意事项，例如"撒粟二三十粒，将桑条盘成圆圈，以草索缚定，卧放区内，外露出稍尖三四寸，填土尺余厚，宜筑令实"，特别是"先于区南种蓖麻以遮烈日"这些属于"古法"的关键的环节和步骤应该是作者通过文献阅读获得的知识。但杨屾师徒用试验验证了这个"古法"。这个试验验证的过程是由一系列的严格的操作步骤所组成的，而且在验证的各个环节，杨屾师徒都对试验条件、操作时间、操作注意事项等进行了详细的观察、分析和记录，并对试验结果进行了统计，对各个环节的过程和效果进行了评估。此处所呈现的虽是"古法"，但这些古法是经过杨屾师徒用试验验证

---

① [清]杨屾.豳风广义[M]//范楚玉辑.中国科学技术典籍通汇·农学卷·第4册.郑州：河南教育出版社,1994：230-231.

的古法,在此意义上该间接经验已经转换成为其直接经验。

第二,引文中所说的"捷要之法"是杨屾师徒在实践"古法"的基础上经过试验探索得到的新的知识,新法与古法相比更具优越性。首先,这些知识大多数都是经过试验探索得到的新知识。例如,上述引文还有"余于六月间根接桑数十株,随斫本树枝梢,插于周围,以遮烈日,时遇连雨数日,不料至七月间,所插枝梢大半皆活,由此观之,插桑亦不拘时",即是作者探究的新成果。类似的知识在《豳风广义》《知本提纲》等书中还有很多(见表2-1)。其次,与"古法"相比,新法往往简化了具体操作步骤,更易于操作和实施,且成活率更高。如上例,若用旧法至少需要经过"秋末时分预掘区上粪""腊月拣桑条""春分时节移植桑条""于池南种遮阳蓖麻"等一系列的步骤,而改进后的"捷要之法"则在九、十月间直接将挑选的桑条植入土中,新法中的这一步相当于上述旧法前面数步,所以新法更加简便易操作,更易于在实践中推广;从效果来看"古法"成活率"十活五六",而"新法"成活率"十活七八"。或者操作更加便捷,或者效果更加明显,从中可以看出知识或方法改进的目标和方向。

表2-1 杨屾师徒试验古法过程中探索到的部分新知识[1]

农书之法	农书之法效果	作者试验改进后的结论
倒栽之法	百无一活	盘桑必露梢尖
春分(接桑)	千不活一	桑本六月三伏日接
日晒提掇之法	干枯不生	下蚁必密室避风包裹温暖
多铺张无序	难以适从	养蚕自有定期

第三,试验是其获得该知识的主要方法。该案例中的试验起到了以下几方面的作用:首先是验证,查验"古法"的效果;其次,通过试验探索新的方法,引文中的"捷要之法"便是其通过试验探索得到的;再次,通过试验进行对比、分析,对相关知识和方法进行进一步的研究。本案例中,杨屾师徒在改进新法的

---

① [清]杨屾.豳风广义[M]//范楚玉辑.中国科学技术典籍通汇·农学卷·第4册.郑州:河南教育出版社,1994:212-213.

过程中比较了他自己的试验与仿效他的做法的人的试验,试验条件基本相当
(诸法皆备),但结果相差明显(用别人方法十活一二,而用自己方法则十活七
八),通过比较找出了影响盘桑试验成功的关键因素(不曾搭棚,为烈日所晒)。

当然,除了试验的方法之外,杨屾师徒大量运用了观察、归纳等不同方法。
例如案例中对于桑条的观察:"于腊月拣肥大鲁桑,或绝好的柔桑,总要肥大叶
厚多津者,素日验看停当";再例如"酿造有十法之详……一曰人粪,乃谷、肉、
果、菜之余气未尽,培苗极肥,为一等粪。法用灰土相合,盦热方熟,粪田无损,
每亩可用一车,自成美田……一曰牲畜粪……一曰草粪……一曰火粪……一曰
泥粪……一曰骨蛤灰粪……一曰苗粪……一曰渣粪……一曰黑豆粪……一曰
皮毛粪……以上十法均农务之本,甚无狃于故习而概弃其余也"。[①]在前人基础
上,杨屾师徒从方法、用量、效果等方面详细归纳了农桑实践中十类常见粪壤,
该类知识无疑是在长期的实践验证过程中,通过详细的分类观察、比较,并进行
不断的归纳,再经过理论的推理等最终形成。而这些观察、比较、归纳、推理等
无疑是建立在长期的、有计划的、详细深入的实践基础之上的。这就进一步从
研究设计、方法的角度为我们还原了杨屾师徒的实践活动,还原了其知识的
来源。

由此可知,杨屾师徒的农桑知识多是通过亲自试验验证得到的,而在试验
验证的过程中综合运用了观察、比较、归纳、推理等方法。从中国科技知识发展
的纵向来看,以试验验证作为检验知识的标准,在此过程中综合运用不同的方
法,无疑是杨屾对于知识获得方法和途径的一种发展。

四、知识论述

上述农桑知识可以通过试验验证其正确与否、效率如何,但要从理论上使
得这些经过验证的农桑知识系统化,则需要解决如下问题:如何说明、论证这些
知识之间的关系? 如何使这些知识能够形成一个自洽的知识体系?

---

① [清]杨屾.知本提纲·修业章[M]//范楚玉辑.中国科学技术典籍通汇·农学卷·第4册.郑州:河南教
育出版社,1994:322.

　　杨屾师徒是用其农学思想作为理论依据来对相关知识进行解释和论证的。杨屾的农学思想包括"天人合一""元气论""阴阳说""五行说"等多个方面，其中，他进一步发展了由明代学者马一龙首先明确提出的"三宜说"，发展了传统的"五行说"，此处限于主题及篇幅，主要以"五行说"为案例讨论其理论发展以及如何用该理论来解释农桑知识。

　　在《知本提纲》"凡例"中作者指出"古人言五行，原以金、木、水、火、土为民生日用之需；此书言五行，则天、地、水、火、气为生人造物之材"①。对于其新的"五行"思想，双山在《知本提纲·一本帅元》中指出：

　　　　上帝主一神之念，鬼神运两化之机。阴阳显迹，有物成体，清扬浮越在表者，凝为少阳之天，浊阴降就重心者，结为少阴之地。太阳化火，随天而转；太阴化水，浮土而息；天以九重圜凝于外，职司覆冒，包括旋转，大行施之公；地以圆球奠定于中，主夫承载质体，孕育着含化之。火主光暖而天以包裹，故能炎上达下，招地水以上腾。水司洁润，而土以蒸发，故能就下达上，和天火而下降。一元分四有，纯体自立而不杂；四精合一气，五行流动而不息……气为四精之会，统合阴阳之半，居中相联，和则著体成形。天火地水，该尽大造之功用；间配合和，显著一元之理气。鬼神发阴阳之迹，阴阳着造化之奥。②

　　由此可知，作者认为"一元分四有"，所谓"一元"是指"上帝主一神之念"，上帝通过鬼神运用阴阳两化之机，生成天、地、火、水等"四有"，也称"四纯""四精"，而"四精"又合成一气，形成"五行"。其中，上帝、鬼神是具有人格的神，而天、地、火、水、气则是构成生人及万物的造物之材，是物质的。天为少阳，地为少阴，火为太阳，水为太阴，如此，"四精"之中阴阳各半，气作为"四精"之会，统合阴阳，居中相联，著体成形。并且"独阴不生，独阳不长，阳施阴承，阴化阳变，阴阳交而五行合，五行合而万物生"③。如此便解释了万物化生，宇宙演化的整个过程。

---

① [清]杨屾.知本提纲[M].乾隆十二年刻本.
② [清]杨屾.知本提纲[M].乾隆十二年刻本.
③ [清]杨屾.知本提纲[M].乾隆十二年刻本.

由此也不难发现杨屾思想来源的多样性。而对于其以天、地、火、水、气作为新的五行的观点,笔者则更倾向于是杨屾在农桑生产实践中,根据长期的实践经验与知识发展而来的。反过来他又用该观点作为理论依据来论证、解释其所验证的农桑知识。例如:

> 盖丰亨视乎物产,物产本于五行,然必常相培补,始能发荣滋长。故风动以培其天,日喧以培其火,粪壤以培其土,雨雪以培其水,但雨雪恒多愆期,惟应时灌溉,不惮其力,则不假天工而五行均培,长养有资,丰亨尚何难哉?①

在解释"盖丰亨本可力致,惟在灌溉之得时"这一论断时,为何灌溉得时便可达丰亨呢?杨屾认为丰亨与否是由物产的多少决定的,而物产又是由五行合和而生,所以只要培补五行,便可物产丰亨。而五行中,天由风动得以培补,火由日照得以培补,土由粪壤得以培补,水由雨雪得以培补,"四精"既得培补,则"四精合一气"之气自然得到培补,则物产可致丰亨。而在这个环环相扣的理论链条中,"四精"中的天、地、火,均可得到及时培补(天、火由自然培补,土可部分由人力所致),唯有雨雪不常,不一定能在需要的时候适时出现,所以需要人应时灌溉,既然人力应时灌溉可以解决这个问题,则丰亨自然不难。如此,杨屾师徒便用由其发展了的阴阳五行思想,从理论上解释了为何要应时灌溉的原因,同时也论证了应时灌溉的必要性。

既有实践结论可以验证,又有理论加以说明,所以知识的合理性、自洽性便得到进一步的加强。

五、知识表达

如何将在农桑实践活动中所获得的知识转换成书面表达的知识呢?这个问题至少涉及两方面的内容:第一,表达哪些知识?第二,如何表达?前者主要是选择表达对象,后者则涉及表达形式和风格。

---

① [清]杨屾.知本提纲·修业章[M]//范楚玉辑.中国科学技术典籍通汇·农学卷·第4册.郑州:河南教育出版社,1994:324.

此处节选了《务本新书》《王祯农书》《豳风广义》三本农书中关于"浴蚕"部分的知识：

《务本新书》："连须以时浴之，浴毕挂时，令蚕子向外，恐有风磨损。冬至日及腊月八日，浴时勿令水极深，浸浴取出。比及月望，数连一卷，桑皮索系定。"[1]

《王祯农书》："冬至日及腊月八日，浴时勿令水极深。浸浴取出，比及月望，数连一卷，桑皮索系定，庭前立竿高挂，以受腊天寒气。年节后，瓮内数连，须令玲珑。安十数日，侯日高时一出。每阴雨后，即便晒曝。此蚕连浴养之法。"[2]

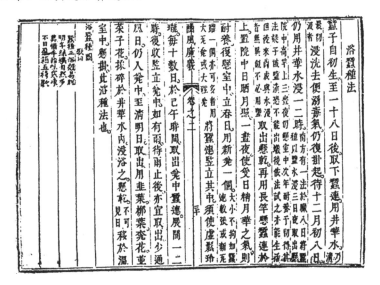

图2-6 《豳风广义》中浴蚕种法及浴蚕种歌

《豳风广义》："蚕子自初生，至十八日后，取下蚕连，用井华水（乃清晨初汲者）浸洗，去便溺毒气，仍复挂起。待十二月初八日，仍用井华水浸一二时（南方有一法，于腊八日将蚕种以盐水浸三日夜，取出悬

①[元]孟祺，等.农桑辑要·卷四·务本新书·浴连[M]//范楚玉辑.中国科学技术典籍通汇·农学卷·第1册.郑州：河南教育出版社，1994：471.
②[元]王祯.王祯农书·卷六农桑通诀六·蚕缲篇第十五[M]//范楚玉辑.中国科学技术典籍通汇·农学卷·第1册.郑州：河南教育出版社，1994：562.

院中高竿上三昼夜,仍悬室中。次年耐养,予初得其法,疑子被盐渍,恐不能出蚁,后依法试之,亦能生活。但后来茧成,与水浸者无异,似不必用盐)。取出悬干,再用长竿悬蚕连于上,置院中日晒月照,一昼夜,使受日精月华之气,则耐养。复悬室中,立春日,用新瓮一个(大小不拘,如蚕连数张,或新瓦罐一个亦可。多者用大瓦瓮或大磁瓮),将蚕连竖立其中,须使虚松玲珑。每十数日,于己午时间,取出瓮中蚕连,展开一二时,复收竖立瓮中。如有雨,待雨止后亦宜取出,少通风日,仍入瓮中。至清明日取出,用韭叶、柳叶、桃花并菜子花,揉碎于井华水内,浸浴之,悬干(不可见日)。移于温室中,悬挂。此浴种之法也。浴种图(略)。歌曰:蚕种三浴壳易脱,明年丝纩自然多。莫惜手指怯寒冻,不日盈箱五袴歌。"[1]

比较三则材料可以发现:从讨论内容而言,在讨论浴蚕问题时都讨论到了操作时间、操作步骤、注意事项等,但三者的区别体现在描述的详细程度不同。与《务本新书》中的材料相比,《王祯农书》中关于浴蚕时间的描述更为条理,操作步骤也更为详细(如将蚕种放置何处、如何安放等均有较详细说明),这些内容也更有利于养蚕者按时、按步骤进行操作。与《王祯农书》对应内容相比,《豳风广义》中浴蚕部分的内容特点体现在:操作更为细致有序,从蚕子初生、十八日后、腊八、立春、清明等均有详细说明和安排;操作步骤更加详细,更有利于具体操作,如用什么样的井水、用什么样的瓮、清明日浴蚕需要在水中加什么材料等;描述了操作过程中的注意事项,如"不可见日"等;详细描述了作者试验内容、过程、结论及心得,如对于盐水浴蚕实践活动的详细记载。三者相比,无疑《豳风广义》中"浴蚕"的内容最为详细、最便于操作,最具有指导的价值。其实,类似的知识在《豳风广义》《知本提纲·修业章》中是非常普遍的。

为何杨屾师徒的书中会出现这样详细且具有指导价值的描述呢?笔者认为其中最主要的原因应是杨屾师徒亲自参加农桑实践活动,同时他们又具有足

---

① [清]杨屾.豳风广义[M]//范楚玉辑.中国科学技术典籍通汇·农学卷·第4册.郑州:河南教育出版社,1994:252.

够的文化素养,能够充分地把其农桑实践所获得、所验证的知识表达出来,而这也是他们和其他农书作者的最大区别之一。明代农学家马一龙在《农说》中感慨"农不知'道',知'道'者又不屑明农"①,知"道"和明农的分离,或杂粮农书作者大多数没有直接的实践经验,他们进行农书创作所依凭的资料多是间接的二手资料,其中如苏轼②、宋应星③、蒲松龄④等一批农书作者也通过观察农桑实践活动获得信息,但是多没有亲自长期参加实践活动。直接经验的缺失,使得他们较难将一些操作过程中的细节性知识和值得注意的一些事项转化为书面知识,而这恰恰是亲自参加农桑实践,并且同时知"道"的杨屾师徒、王心敬父子等所独有的。

只有当事者亲自试验,亲自进行操作,并进行过仔细的观察和比较,才更可能得出具体的结论,才更能描述具体的操作程序、操作要领以及关键环节的注意事项等。而恰恰是这种知识又为后续的阅读者提供了直接的、具体的指导,使其农事实践活动更有据可依,从而保障了其农事实践的效率。而这种操作性的具体的细节知识,有学者称之为"技巧"(Technique),所谓的技巧是指"进行物质的知识生产以及器物生产的技术实践"⑤。这要求写作者既亲自参加具体的农业实践活动,又具有深厚的学术素养,继而能合理描述实践过程,又能从理论上进行归纳、总结、升华。在18世纪的关中地区,杨屾师徒的实践并非个案,王心敬的农学著作中也有大量的类似内容。这种知"道"和明农的统一,使得农桑知识的形成更加的一贯,知识形成过程本身形成了一个前后相继、环环相扣的完整的过程,从而更可能表达出知识的本质和全部,这可能也是杨屾师徒能在理论和实践上取得更大成就的原因之一,也可能是下文要讨论的其相关著作能

① [明]马一龙.农说[M]//范楚玉辑.中国科学技术典籍通汇·农学卷·第2册.郑州:河南教育出版社,1994:129.

② 曾雄生.宋代士人对农学知识的获取和传播—以苏轼为中心[J].自然科学史研究,2015(1):1-18.

③ Schäfer D. The crafting of 10 000 things-Knowledge and Technology in Seventeenth-century China[M]. Chicago: University of Chicago Press,2015:136.

④ Bray F. Science,technique,technology: passages between matter and knowledge in imperial Chinese agriculture. The British Journal for the History of Science,2008,41(09):319-344.

⑤ Bray F. Science,technique,technology: passages between matter and knowledge in imperial Chinese agriculture. The British Journal for the History of Science,2008,41(09):320.

够广泛传播的原因之一。

分析《豳风广义》《知本提纲》等文本,可以发现作者主要用语言和插图来传递其各类信息,其特点有:第一,语言风格通俗易懂、重在实用。一方面作者认为"学贵实用,非徒文辞"[①],所以准确传递农桑知识信息变成了其主要的目标;另一方面,也是由其阅读对象决定的。《豳风广义》阅读对象主要是农夫、农妇,没有文化或者文化程度较低,要使田夫野老皆可通晓,必然要用最朴实、最浅显的语言传递知识,并且还要"绘以图,辅以说,言之不足,申以歌谣"[②],如材料三中就有浴种图、浴种歌,以尽量使读者能够理解其意思。而《知本提纲》作为作者讲稿,因为其学生知识水平相对较高,所以不仅语言表达相对正式,而且还有大量的从农桑思想、理论方面对知识的论证和描述。第二,用不同性质的插图满足传递不同信息的需要。《豳风广义》中有大量的图,根据插图传递信息性质的不同,可以将其分为三类:第一类,属于宣传推广性质的图,如《终岁蚕织图说》,分十二个月逐月描述当月蚕事活动,其功能在于宣传蚕桑之利,或者传递蚕织主要步骤及流程,内容相对浅显。从此意义上而言,历代的《耕织图》也属于该范畴。第二类,属于示意图,其功能是作为一种象征性的中介,引导读者在文字阅读的基础上进一步理解,或者将这类设计、思想转化为具体的实践活动,例如"预编蚕筐""预编蚕盘"中的"蚕筐式""蚕盘式"便属于这一类,读者在阅读文字的基础上,结合图的提示便可以自己进行实践。第三类,属于具象图,该类图在意图和认知操作方面更接近现代意义技术插图,通过更加详细的描绘、更为丰富的信息、更具操作性的提示引导读者。如《织纴图说》中的"织机",不仅给出了具体结构,还在图中给出了构件名称和尺寸大小,在此意义上更接近于现代技术插图。

---

① [清]杨屾.豳风广义[M]//范楚玉辑.中国科学技术典籍通汇·农学卷·第4册.郑州:河南教育出版社,1994:212.

② [清]叶伯英.豳风广义·序[M].西安:陕西通志馆印(1936).

图2-7 《豳风广义》中浴蚕种图

图2-8 《豳风广义》中终岁蚕织图说（正月）

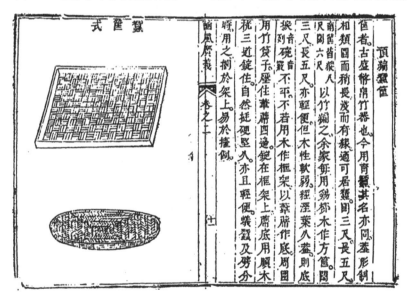

图2-9 《豳风广义》中蚕匡式

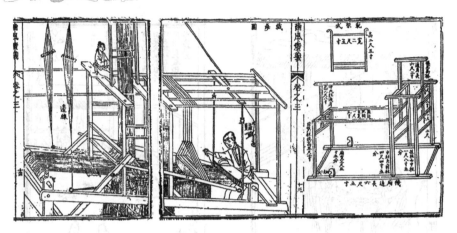

图2-10 《豳风广义》中织布机图

第四节　知识传播

分析现有地方志、相关书籍的跋序等材料,可以发现《豳风广义》《知本提纲》等知识传播途径主要如下。

杨屾师徒亲自传授。主要是指周围的人看到其农桑活动的实效后自发前来学习观摩,并进行效仿。这类知识传播经历了最初的"乡人笑其迂阔难成者",到看到养蚕有成之后的"睹所未见,莫不惊异,于是乡邻之中多有效之养蚕者",再到"近来邻邑亦有慕效者"[1]。刘芳在《豳风广义序》中指出"比闻族党,矜式率由者益众,来求法、学手者无远近,先生皆亲教之"[2],刘芳此序作于乾隆五年(1740年),杨屾经过十余年的试验探索,已经总结出一套成熟的方法,所以对于前来学习者杨屾皆亲自示范讲解。虽然说"来求法者无远近"[3],但其范围更

<hr>

① [清]杨屾.豳风广义[M]//范楚玉辑.中国科学技术典籍通汇·农学卷·第4册.郑州:河南教育出版社,1994:297.
② [清]刘芳.豳风广义·序[M]//范楚玉辑.中国科学技术典籍通汇·农学卷·第4册.郑州:河南教育出版社,1994:208.
③ [清]刘芳.豳风广义·序[M]//范楚玉辑.中国科学技术典籍通汇·农学卷·第4册.郑州:河南教育出版社,1994:208.

多的限于比间族党或者邻邑,这种传播方式的优点是可以得到杨屾师徒的直接传授与交流,而不足则是传播范围相对较小。

上书政府,推广农桑。杨屾曾于乾隆六年(1741年)上书时任陕西布政使的帅念祖,自荐《豳风广义》,论证了在陕西范围内进行农桑推广的可行性、必要性,及其切实利益,并提出详细的推广策略。具体策略包括"设一永久之法,使千万世长享休和之福;刊刻便民通示,后附劝民栽桑歌词,乡约宣讲,查验;供给种子树苗;加意教树;栽树抵罪;奖罚措施;防盗斫;无妨农事"等[1]。帅念祖为"宁一堂"本《豳风广义》作序,并且在陕西范围内刊印推广此书。陈宏谋自乾隆九年(1744年)始,先后四次抚陕,并且积极推行蚕政,此时杨屾的《豳风广义》已经刊印,陈宏谋当进一步推广《豳风广义》。此方法在当时并非个案,前文提到大概在同一时段稍早的王心敬同样上述书张岫庵侯推广凿井技术,此事后来得到崔纪、陈宏谋两任陕西巡抚的支持,在全省范围内推行,并且得到乾隆皇帝的指导。借助政府力量进行推广,其优点是推广范围更广,推广具有一定的强制性,不足之处在于该推广更多地借助于书籍资料,与作者直接交流相对较少。

政府重刊或改编后进行推广。《豳风广义》一书先后被多次重刊。最早的是"宁一堂"刻本,乾隆七年(1742年)刻印,后来陆续有陕西府署重刊本(具体时间不详)、济南刊本(光绪八年刻印,1882年)、陕西通志馆本(1936年)、郑辟疆等校订本(1962年)等。其中道光年间、光绪年间政府均不断推广该书。如"光绪十三年今抚部叶颁发《豳风广义》《农桑辑要》,俾民间得以讲求精善"[2],现存《豳风广义》一书尚有陕西巡抚叶伯英光绪年间重刊该书时作的序。此外,《豳风广义》一书还被多次改编后进行推广。乾隆二十五年(1760年)之前,宁夏中卫地方官吏就对《豳风广义》进行节取并推广,"采《豳风广义》数条,并附论以示劝"[3];嘉庆十三年(1808年)时任兴安(今陕西安康)知府的叶世倬,以《豳风广义》为蓝本结合其经验改编为《蚕桑须知》一书[4],就现有资料来看,该书在陕西

① [清]杨屾.豳风广义[M]//范楚玉辑.中国科学技术典籍通汇·农学卷·第4册.郑州:河南教育出版社,1994:303.

② [清]田兆岐.富平县志稿·卷十[M].光绪十七年刊本.

③ [清]黄恩锡.中卫县志·地理考·卷一[M].清乾隆刊本.

④ [清]叶世倬.续兴安府志·卷七[M].嘉庆十七年刻本.

安康、延川,四川罗江①、绵阳②等地流行较广。其中,延川地方官吏进一步改编叶世倬的《蚕桑须知》,使之更加浅显,更加易于推广,"健庵叶中丞辑双山杨氏《豳风广义》订《桑蚕须知》一册,本极详明,而山农尤以文繁,难于卒读,义深不能悉解,因节取而浅说之"③。

从《豳风广义》传播范围来看,除了兴安、延川、富平、乾州④、泾阳⑤等陕西地方之外,还流传到青海循化⑥,四川绵阳、罗江,湖南巴陵⑦,甘肃秦州直隶州,山东济南、德州等地。当然,该书实际传播当超出上述范围。

第五节　结　论

明清易代之际的实学思潮,尤其是关中地区的实学思想和实践直接影响了杨屾师徒思想的形成。当意识到"秦中无衣"是关中地区贫困的最终原因时,他们通过调查、研究寻找解决该问题的方法,最终以试验的方式,通过十多年的验证,探索出耕、桑、树、畜等方面的知识。在探索的实践过程中,杨屾师徒发展了传统的农学理论,例如"三宜说""五行说"等,并用这些理论论证、解释其所得到的农桑知识。杨屾师徒亲自参加农桑实践活动,因此熟悉农桑知识形成的各个环节,在表达其所获得农桑知识时呈现出了大量的细节性知识以及和试验相关的知识。这些知识的上述特性应该是其广为传播的原因之一。杨屾师徒的农桑活动是具有代表性的,体现了从实学思想到实践活动,到知识形成,再到知识的传播,这样一个18世纪关中地区农桑知识形成和传播的整个过程。

---

① [清]叶朝采.续修罗江县志·新撰蚕桑宝要序·卷二十四[M].同治四年刊本.
② [清]叶朝采.直隶绵州志·新撰蚕桑宝要序·卷四十九[M].同治十二年刻本.
③ [清]谢长清.重修延川县志·卷一[M].道光十一年刻本.
④ [清]周铭旂.乾州志稿·卷五[M].光绪十年刻本.
⑤ [清]周斯忆.泾阳县志·卷八[M].宣统三年.
⑥ [清]龚景瀚.循化厅志·卷七[M].道光二十四年抄本.
⑦ [清]姚诗德.巴陵县志·卷四十七[M].光绪十七年岳州府四县本.

第三章
清代前期我国蚕桑知识形成与传播研究①

　　《授时通考》是我国传统农书的集大成者,该书是典型的通过"知道者"对前人文献进行整理、编辑而形成。通过梳理、编辑已有文献形成相对系统的知识是蚕桑知识形成的重要方式之一。该途径的优点是能够系统的整理已有知识,通过考证、梳理,形成更加系统的知识,有利于相关知识的保存和传播。其不足则主要体现在:第一,知识缺少创新性;第二,因为主要做的是梳理和文本考证工作,且考证者并非蚕桑专业技术人员,因此,形成的知识存在大量的罗列、重复,缺乏对同类知识的比较、评价等。

---

① 本文以《清代前期我国蚕桑知识形成与传播研究》为题发表于《中国农史》2017 年第 3 期。

　　明代农学家马一龙在《农说》中提到"农不知'道',知'道'者又不屑明农"①,清代农学家杨屾也提到"农桑著述颇多,但知文者多未亲身经历,亲身经历者多不知文"②,的确,不少传统农桑知识是由王祯③、宋应星④等一批"知道(文)者"主要通过文献编辑整理而成,因为纂述者多没有亲身经历,所以其内容可能"多略而不详,繁而不要"⑤。其实,清初以来越来越多的"知道(文)者"开始通过亲自实践来获得农桑知识。清初理学家张履祥"读书馆课之余,凡田家纤悉之务,无不习其事,而能言其理"⑥;川人李拔在福建任职期间,"曾于署内试养,良丝厚茧,俱有成效"⑦,通过其亲自实践"信乎闽之宜蚕也"⑧;杨屾也"斟酌去取,诸法皆已亲经实验"⑨,其蚕桑著作是"试有实效者,撷其精以纂成之"⑩。

　　在上述背景下,清代初期形成了一批重要的蚕桑著作⑪,其中《补农书》(张履祥)、《豳风广义》、《蚕桑说》(李拔)等书中的知识主要来自于作者的亲自实践,而《农桑经》《授时通考》《蚕桑》等书中的知识则主要通过文献编纂而成。本部分以上述文本为基础,结合相关地方志材料,从知识形成条件、知识形成过程、知识表达、知识传播等角度,讨论17世纪中叶到18世纪末我国来源不同的

① [明]马一龙.农说[M]//范楚玉辑.中国科学技术典籍通汇·农学卷·第2册.郑州:河南教育出版社,1994:129.

② [清]杨屾.豳风广义·凡例[M]//范楚玉辑.中国科学技术典籍通汇·农学卷·第4册.郑州:河南教育出版社,1994:214.

③ Bray F. *Science, technique, technology: passages between matter and knowledge in imperial Chinese agriculture.* The British Journal for the History of Science, 2008, 09.

④ Schäfer D. *The crafting of 10 000 things-Knowledge and Technology in Seventeenth-century China.* Chicago: University of Chicago Press, 2015.

⑤ [清]杨屾.豳风广义·凡例[M]//范楚玉辑.中国科学技术典籍通汇·农学卷·第4册.郑州:河南教育出版社,1994:214.

⑥ [清]陈克鉴.补农书引[M]//范楚玉辑.中国科学技术典籍通汇·农学卷·第4册.郑州:河南教育出版社,1994:3.

⑦ [清]李拔.蚕桑说[C]//贺长龄编.皇朝经世文编.台北:文海出版社,1960:1338-1339.

⑧ [清]李拔.蚕桑说[C]//贺长龄编.皇朝经世文编.台北:文海出版社,1960:1338-1339.

⑨ [清]杨屾.豳风广义·凡例[M]//范楚玉辑.中国科学技术典籍通汇·农学卷·第4册.郑州:河南教育出版社,1994:214.

⑩ [清]杨屾.豳风广义·凡例[M]//范楚玉辑.中国科学技术典籍通汇·农学卷·第4册.郑州:河南教育出版社,1994:214.

⑪ 详见:张芳,王思明.中国农业古籍目录[M].北京:北京图书馆出版社,2002;王达.中国明清时期农书总目[J].中国农史.2000(1)、2001(4)、2002(1);[日]田野元之助.中国古农书考[M].彭世奖,林广信译.北京:农业出版社,1992.

蚕桑知识的形成、传播,继而讨论其背后的历史动力、不同层面的知识在形成与传播的过程中的转化机制,蚕桑知识在传播过程中所发挥的不同功能等,以期还原这一时期蚕桑知识形成、传播的实际。

第一节　蚕桑知识的形成

接下来分别从知识形成的条件、知识形成的过程、知识表达三个方面分别讨论以上两类蚕桑知识是如何形成的。

一、形成条件

此处所谓的知识形成的条件主要包括知识形成所需要的器材设备、人员、原材料等。

来源不同的蚕桑知识的形成条件既有相同点,又有不同之处。其相同点主要在于研究者均属于所谓"知道(文)"者,即具有相当的知识素养,例如《补农书》作者张履祥为清初著名理学家,《农桑经》作者蒲松龄是清初著名的文学家,《豳风广义》作者杨屾师从关中大儒李颙,并被许为"命世才",而《授时通考》《蚕桑说》《蚕桑》等作者也多是进士及第,且不乏状元、探花等。

而其不同点则主要如下:

通过文献编纂而形成的蚕桑知识,在编纂之前还需要搜集大量前人的相关著作、文献。如蒲松龄在《农桑经》中提到"昔韩氏有《农训》……妄为增删,又博采古今之论蚕者,集为一书"[1],作者在成书过程中搜集了包括《齐民要术》《农桑辑要》等在内的大量"古今之论蚕者"的相关文献;《授时通考》一书则引经、史、子、集、农书、方志等各种古籍553种,共辑录3575条,插图512幅[2]。其中,蚕桑

---

① [清]蒲松龄.蒲松龄全集·农桑经·第三册[M].上海:学林出版社,1998:247.

② [清]鄂尔泰,等.授时通考校注[M].马宗申 校注.北京:农业出版社,1991:1.

部分引《齐民要术》《农桑通诀》《农政全书》等古籍54种,辑录217条,插图36幅。

而主要通过实践来获得的蚕桑知识,其形成条件还包括:首先,必要的实践场地。以《豳风广义》为例,杨屾师徒专门建立了进行蚕桑实践的"养素园",园中配套设施包括院墙、窑洞、讲亭、水车,此外还种植了桑树、梨树、药材等。其次,必要的试验器材。杨屾在"博访树桑养蚕之法,织工缫丝之具"[①]的基础上,亲自制作包括蚕筐、蚕盘、蚕架及缫丝、纺织等养蚕必备器具;李拔在福建养蚕时也在署衙中开辟专门场所并亲自制作养蚕工具。

以上呈现了清代初期蚕桑知识的形成条件,同时也从一个侧面还原了当时历史背景下蚕桑科技发展的真实现状。

二、形成过程

主要以文献编纂方式形成的蚕桑知识,由于要对相关已有文献进行整理,所以搜集什么资料,如何进行编纂,便成为知识形成过程中的重要内容。以《授时通考》为例:

> 朕思为耒耜、教树艺,皆始于上古之圣人。其播种之方、耕耨之节,与夫备旱驱蝗之术,散见经籍,至详且备,后世农家者流,其说亦各有可取。所当荟萃成书,颁布中外……着南书房翰林同武英殿翰林编纂进呈。[②]

①[清]杨屾.豳风广义·弁言[M]//范楚玉辑.中国科学技术典籍通汇·农学卷·第4册.郑州:河南教育出版社,1994:211.

②[清]鄂尔泰,等.授时通考校注[M].马宗申校注.北京:农业出版社,1991:2.

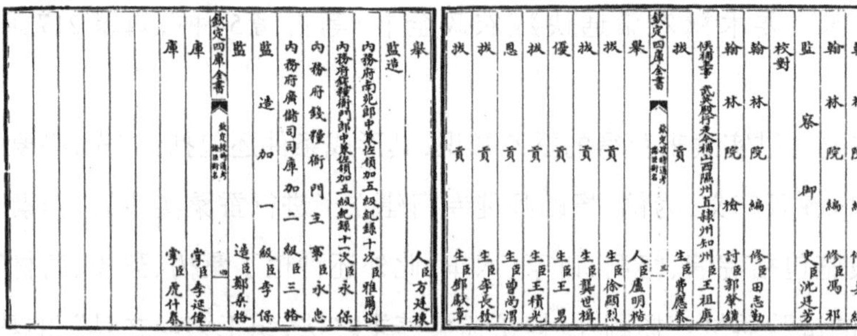
翰林院編修臣吳紱
翰林院編修臣馮祁
監察御史臣沈廷芳
校對
翰林院編修臣田志勤
翰林院檢討臣郭肇鐄
候補主事武英殿行走今補山西隰州直隸州知州臣王祖庚
拔貢生臣費應泰
欽定四庫全書 欽定授時通考 經理銜名
舉人臣盧明楷
拔貢生臣徐顧烈
拔貢生臣龔世樹
優貢生臣王易
拔貢生臣王積光
恩貢生臣曾尚渭
拔貢生臣李長發
拔貢生臣鄒獻章
舉人臣方廷棟
監造
內務府南苑郎中兼佐領加五級紀錄十次臣雅爾岱
內務府錢糧衙門郎中兼佐領加五級紀錄十一次臣永保
內務府錢糧衙門主事臣永忠
內務府廣儲司司庫加二級臣三格
監造加一級臣李保
監造臣鄭桑格
欽定四庫全書 欽定授時通考 經理銜名
庫掌臣李廷偉
庫掌臣虎什泰

图3-1 《授时通考》经理诸臣名单

由此可知，该类蚕桑知识的形成过程如下：首先，搜集文献资料。在设计与规划该书时，便决定了其内容包含自上古圣人以来，经籍、农家著作中的农学知识。该书共引用553种古籍，蚕桑门引用54种古籍，而编纂过程中实际搜集的古籍数量当远多于此数；其次，确立编纂原则。因为这些“至详且备”的农桑知识“散见经籍”，并且后世农家著作“各有所取”，所以按照何种标准筛选已有资料就显得非常必要。该书在实际编纂过程中所遵从的原则主要有：从具体内容选择而言，“以致用为主”并且“取其切于实用”①；针对注解不一、地域差异等，采取的原则是“注家诠解不一，且南北异宜，即老农亦未能悉辩，今取其广种而利溥者罗列于前”②。从文本结构上而言，该书“分门编纂，凡所采经书诸说，有不能不互见、数见之处，惟于节录原文中，各从本门所重，以免复出”③；再次，按照一套完整流程和规范进行编纂。编纂过程中南书房翰林、武英殿翰林具体负责资料搜集、筛选、编纂等，而后由专门的校对团队进行校对，再由该书总裁进行裁定，最后由监造团队进行誊写、刻印等，整个过程由和硕和亲王进行监理。上述流程也代表了当时官修农书编纂的一般过程。

与上述知识形成过程不同，直接来源于蚕桑试验的知识的形成过程包括：试验准备阶段、试验探索阶段、试验总结阶段等。以《豳风广义》为例，首先，搜集相关资料、准备试验场地和器材；其次，试验探索阶段。杨屾师徒在实践过程中先后探索了木棉、麻、苎等内容，但结果是“厥成维艰，殚精竭虑，未得其

① [清]鄂尔泰，等.授时通考校注[M].马宗申 校注.北京：农业出版社，1991：3.
② [清]鄂尔泰，等.授时通考校注[M].马宗申 校注.北京：农业出版社，1991：3.
③ [清]鄂尔泰，等.授时通考校注[M].马宗申 校注.北京：农业出版社，1991：4.

善"①。最终,在试验蚕桑时获得了成功,所缫水丝光亮如雪,"织成提花绢帛,灿然夺目"②。再次,试验总结阶段。杨屾师徒先后进行十数次试验,之所以反复实践,是因为"第天时犹未尽鲶,古法犹未尽试,新法恐未尽善"③,可见如何验证"古法",完善"新法",使其合于天时,总结出试验结论是一个严谨、反复、长期的过程。

三、知识表达

如何表达所得到的蚕桑知识是知识形成过程中的重要环节。

分析清初蚕桑著作文本,可以发现作者主要用语言和插图来传递其各类信息,其共同点有:首先,语言表达通俗易懂、注重实用。杨屾强调"学贵实用,非徒文辞"④,《授时通考》也一再强调"以致用为主……切于实用"⑤,通俗、准确传递知识信息成为了其主要的目标;其实这也是由其受众的条件决定的,农书的受众主要是农夫、农妇,文化程度相对较低,所以要用最朴实、最浅显的语言传递知识,甚至还要"绘以图,辅以说,言之不足,申以歌谣"⑥。其次,用不同性质的插图满足不同需要。相关蚕桑书籍中有大量的插图,根据插图传递信息性质的不同,可以将其分为三类:第一类,属于宣传推广性质的图,如《耕织图》,其功能在于宣传蚕桑之利、介绍养蚕步骤,内容相对浅显;第二类,属于示意图,其功能是引导读者在文字阅读的基础上进一步理解,或者将这类设计、思想转化为具体的实践活动,如"蚕筐图说";第三类,更接近现代意义技术插图,通过更加详细的描绘、更具操作性的提示引导读者。如《豳风广义·织纴图说》中的"织机",不仅给出了具体结构,更在图中具体给出了构件名称和尺寸大小。

① [清]杨屾.豳风广义·弁言[M]//范楚玉辑.中国科学技术典籍通汇·农学卷·第4册.郑州:河南教育出版社,1994:210.

② [清]杨屾.豳风广义·弁言[M]//范楚玉辑.中国科学技术典籍通汇·农学卷·第4册.郑州:河南教育出版社,1994:211.

③ [清]杨屾.豳风广义·后叙[M]//范楚玉辑.中国科学技术典籍通汇·农学卷·第4册.郑州:河南教育出版社,1994:294.

④ [清]杨屾.豳风广义·题辞[M]//范楚玉辑.中国科学技术典籍通汇·农学卷·第4册.郑州:河南教育出版社,1994:212.

⑤ [清]鄂尔泰,等.授时通考校注[M].马宗申,校注.北京:农业出版社,1991:3.

⑥ [清]叶伯英.豳风广义·序[M].陕西通志馆印.1936.

　　来源不同的蚕桑知识在表达方面的差异主要体现在知识的系统性和对细节的处理方面。首先,相对而言,直接来自蚕桑实践的知识更具有系统性、自洽性。通过文献编辑而来的蚕桑著作因为引用文献来源不同,往往重复罗列不同人对于同一问题的观点,其优点是能够让读者了解更多的信息,但是同时内容往往显得冗繁。直接来自蚕桑实践的著作因为经过作者亲自实践验证,所以内容更加条理、系统、自洽。如《豳风广义》中关于"浴蚕"的部分,从蚕子初生、十八日后,到腊八、立春、清明等均有详细说明和安排,操作时间更为条理有序;其次,直接来自蚕桑实践的著作内容具有更多的细节性知识。仍以《豳风广义》中"浴蚕"部分为例,其操作步骤更加详细,如用什么样的井水、用什么样的瓮、清明日浴蚕要在水中加什么材料等;此外,还详细描述了操作注意事项,及作者试验心得,如对于盐水浴蚕实践活动的详细记载等。

　　如上所述,来源不同的蚕桑知识的形成条件、过程,及知识表达存在明显区别,而这种区别也将进一步影响对应蚕桑知识的传播及其功能的发挥。

第二节　蚕桑知识的传播

　　分析相关资料可以发现,清代前期蚕桑知识的传播多是在政府积极劝课农桑的背景下发生的。

　　清代前期康、雍、乾历朝都重视劝课农桑,且有一套行之有效的劝课机制。以乾隆朝为例,乾隆二年(1737年)五月庚子,皇帝与九卿商议修订《授时通考》,同时命令相关人员议定如何劝课农桑。同年六月,相关人员回奏了具体的劝课内容和方式:首先,对于劝课方式,认为"劝课农桑,其责又在牧令"[1],所以确立"以劝课为官吏之责成"[2]的制度。劝课时应先"宣上谕,劝农桑,举皆实力

---

① 清实录·高宗纯皇帝实录·卷四十四之六.
② 清实录·高宗纯皇帝实录·卷四十四之五.

奉行,务使务农积谷之成教家谕而户晓"①;然后"于乡民之中,择其熟谙农务、素行勤俭、为闾阎之所信服者,每一州县量设数人,董率而劝戒之"②。其次,对于劝课内容,则以《授时通考》等书籍为主要载体,并"延访南人之习农者、以教导之"③;此处,需要强调的是其在相关措施中一再强调"务使农桑之业,曲尽地之所宜"④"随地制宜,因民劝导"⑤。上述一整套相对完善的劝课制度,在一定程度上保障了农桑生产的顺利发展,促进了农桑知识在全国范围内顺利推广,这是清代初期蚕桑知识传播大的时代背景。

以《授时通考》为例,该书便是在此背景下荟萃成书,颁布中外的。在政府主导之下颁布中外,说明其流传范围较广,检索资料发现全国范围内至少四川江津⑥、陕西商南⑦、浙江嘉兴⑧、山东济宁⑨、河北南皮⑩、云南建水⑪、安徽黟县⑫、江西南昌⑬、贵州石阡⑭、福建浦城⑮、吉林⑯等地方志中均有关于《授时通考》一书的记载,其中江西一省几乎每县县志都有记载,这与其他省市个别记载形成鲜明对比。为何该书在江西一省传播范围远超其他省份? 接下来先看一则相关材料:

> (《授时通考》)诚致太平之宝册,多流传一部,即多收一部之益也……外省督抚诸臣已蒙恩赐,臣愚以为自司道以及府厅州县,均宜恭捧一册,以资考求。而板贮内府刷印,难于广及。臣商之司道,拟为

① 清实录·高宗纯皇帝实录·卷四十四之五.
② 清实录·高宗纯皇帝实录·卷四十四之六.
③ 清实录·高宗纯皇帝实录·卷四十四之五.
④ 清实录·高宗纯皇帝实录·卷四十四之五.
⑤ 清实录·高宗纯皇帝实录·卷四十四之五.
⑥ [清]曾受一.江津县志·卷六[M].乾隆三十三年刻本.
⑦ [清]罗文思.商南县志·卷五[M].乾隆十三年刻本.
⑧ [清]安耐园.嘉兴县志·卷十七[M].嘉庆六年刻本.
⑨ [清]徐宗干.济宁直隶州志·卷三[M].咸丰九年刻本.
⑩ 刘树鑫.南皮县志·卷三[M].民国二十一年铅印本.
⑪ 梁家荣.续修建水县志稿·卷之十四[M].民国九年铅印本.
⑫ [清]谢永泰.黟县三志·卷三[M].同治九年刊本.
⑬ [清]许午.南昌县志·卷八[M].乾隆五十九年刻本.
⑭ 周国华.石阡县志·卷七[M].民国十一年油印本.
⑮ [清]李藩.续修浦城县志·卷十七[M].光绪二十六年刊本.
⑯ [清]萨英额.吉林外记·卷六[M].光绪渐西村舍本.

重刊广布,俾通省大小各官,皆知以劝课农桑为要务,下至士庶,得见

此书,不但趋事赴功,有所法则……①

该材料是乾隆七年(1742年)十月,时任江西巡抚陈宏谋的一份奏折。从这份材料中可知:第一,《授时通考》一书在政府主导下迅速传播。该书于乾隆七年(1742年)刻印,该奏折写于当年十月,由此可见其"颁布中外"之迅速。第二,《授时通考》一书在当时仅仅是"外省督抚诸臣已蒙恩赐",而督抚以下的"自司道以及府厅州县"尚不能"恭捧一册,以资考求"。第三,本着"多流传一部,即多收一部之益也"的原则,陈宏谋在江西重新刊印该书,进一步推广。第四,陈宏谋推广《授时通考》一书得到了乾隆皇帝的默许和认可。由此便解释了为何江西地方志中对该书的记载远多于其他省份。

继乾隆七年武英殿刊本、乾隆九年江西书局刊本之后,该书国内传播版本还有道光六年(1826年)成都重刊本、光绪二十八年(1902年)富文书局代印、1956年中华书局校订本等。

此外,《授时通考》一书,尤其是其中蚕桑部分,在国际上也产生了重要影响。1837年,法国汉学家儒莲(Stanislas Julien)把《授时通考》的《蚕桑篇》和《天工开物·乃服》的蚕桑部分译成了法文,并以《蚕桑辑要》的书名刊出。是书当年就被译成了意大利文和德文,第二年又转译成了英文和俄文。著名生物学家达尔文阅读并引用了该书,称之为权威性著作②。此外,光绪七年(1881年)东京南传马町二丁目有邻堂翻刻本。

与《授时通考》通过中央政府从国家层面以劝课农桑的方式得到广泛传播不同,形成于民间的《豳风广义》《农桑经》《蚕桑说》等更多属于一种"自然"的传播,后者也可能被地方政府作为劝课农桑内容或载体而选用,但是这种选用具有偶然性、地域性。以《豳风广义》为例,此书最早版本是"宁一堂"刻本,乾隆七年(1742年)刻印,后来陆续有陕西府署重刊本(具体时间不详)、济南刊本(光绪八年刻印,1882年)、陕西通志馆本(1936年)、郑辟疆等校订本(1962年)等。

①[清]陈宏谋.授时通考·奏为刊布钦定书籍以广圣化事[M]//范楚玉辑.中国科学技术典籍通汇·农学卷·第5册.郑州:河南教育出版社,1994:5-6.
②潘吉星.达尔文生前中国生物学著作在欧洲的传播[J].生物学通报,1959(11).

从《豳风广义》传播范围来看,除了兴安①、延川②、富平③、乾州④、泾阳⑤等在陕西地方之外,还流传到宁夏中卫⑥,甘肃秦州直隶州⑦,青海循化⑧,四川绵阳⑨、罗江⑩,湖南巴陵⑪,山东⑫等地。当然该书实际传播当超出上述范围。

　　除了上述以具体著作为载体的蚕桑知识传播方式之外,直接聘请蚕桑生产发达地区的技术人员进行指导也是这一时期蚕桑知识传播的一种重要方式。从全国范围看,唐宋以降蚕桑生产重心逐渐南移。康熙年间,唐甄指出"夫蚕桑之地,北不逾淞,南不逾浙,西不逾湖,东不至海,不过方千里,外此则所居为邻,相隔一畔,而无桑矣。"⑬可见清代初期江浙一带,尤其是苏、嘉、杭地区依然是全国蚕桑生产的中心,其蚕桑生产技术也一直在全国领先。乾隆二年(1737年)六月的一份奏折中提道"或延访南人之习农者,以教导之"⑭。约略在同一时期,陕西巡抚陈宏谋推广蚕桑,其蚕桑知识和技术来源,除了具体蚕桑著作外,也"募江浙善育蚕者导民蚕,久之利渐著。"⑮这些江浙善育蚕者之所以受到广泛欢迎的最主要原因无疑是其直接的蚕桑实践经验与知识,然而因为其"明农"但不"知道",所以其具体蚕桑知识很少以著作的形式流传下来。

———————————————
① [清]叶世倬.续兴安府志·卷七[M].嘉庆十七年刻本.
② [清]谢长清.重修延川县志·卷一[M].道光十一年刻本.
③ [清]田兆岐.富平县志稿·卷十[M].光绪十七年刊本.
④ [清]周铭旂.乾州志稿·卷五[M].光绪十年刻本.
⑤ [清]周斯忆.泾阳县志·卷八[M].宣统三年刻本.
⑥ [清]黄恩锡.中卫县志·地理考·卷一[M].清乾隆刊本.
⑦ [清]任承允.秦州直隶州新志续编·卷六[M].民国二十八年铅印本.
⑧ [清]龚景瀚.循化厅志·卷七[M].道光二十四年抄本.
⑨ [清]叶朝采.直隶绵州志·新撰蚕桑宝要序·卷四十九[M].同治十二年刻本.
⑩ [清]叶朝采.续修罗江县志·新撰蚕桑宝要序·卷二十四[M].同治四年刊本.
⑪ [清]姚诗德.巴陵县志·卷四十七[M].光绪十七年岳州府四县本.
⑫ [日]田野元之助.中国古农书考[M].彭世奖,林广,译.北京:农业出版社,1992:294.
⑬ [清]唐甄.教蚕[C]//贺长龄辑.皇朝经世文编.台北:文海出版社,1960:1332.
⑭ 清实录·高宗纯皇帝实录·卷四十四之五.
⑮ [清]赵尔巽,等清史稿·列传九十四·卷三百零七[M].北京:中华书局,1977:10561.

第三节　对蚕桑知识形成与传播的思考

一、蚕桑知识形成与传播的历史动力

　　17世纪后半期到18世纪末,我国蚕桑知识的形成与传播出现了一个高峰,而这种发展背后具有更深层面的历史原因。

　　首先,实学思想是这一时期蚕桑知识形成与传播的重要理论动因。明清易代之际,在批判陆王心学流弊的同时,以顾炎武、方以智等为代表的知识分子提倡崇实黜虚之实学,通过实践、实测、实证获取知识逐渐成为这一时期思想界的共识,而这种时代思潮直接影响了蚕桑知识的形成与传播。以《豳风广义》为例,作为李颙的学生,杨屾发展了其师"明体适用"[1]学说,从适用一端而言,认为"学贵实用,非徒文辞"[2],通过亲自反复的农桑实践获取知识、形成著作,其蚕桑著作得到广泛传播。其学被认为"功有实功,效有实效"[3],从实学思想到蚕桑实践,再到蚕桑知识的形成与传播,正是沿着这一内在理路,清代初期蚕桑知识得到大力发展。

　　其次,人口压力是蚕桑知识形成与传播的一个重要动因。清初全国人口约六七千万,乾隆五十五年(1790年)人口突破了三亿[4]。"升平日久,生齿益繁"[5],解决衣食问题便成为当时整个社会面临的一个重要问题,从政府层面而言,"洞

---

① [清]李颙.二曲集·周至问答·卷十四[M].北京:北京天华馆印,1930:91.

② [清]杨屾.豳风广义·题辞[M]//范楚玉辑.中国科学技术典籍通汇·农学卷·第4册.郑州:河南教育出版社,1994:212.

③ [清]刘芳.豳风广义·序[M]//范楚玉辑.中国科学技术典籍通汇·农学卷·第4册.郑州:河南教育出版社,1994:208.

④ 周源和.清代人口研究[J].中国社会科学,1982(2).

⑤ [清]杨屾.豳风广义[M]//范楚玉 辑.中国科学技术典籍通汇·农学卷·第4册.郑州:河南教育出版社,1994:299.

悉久安长治之道,先筹家给人足之源"①,从民间层面而言,杨屾在分析关中地区的问题时也指出"凶荒虽起于乏食,而其实早胎于无衣"②,所以提倡蚕桑生产、蚕桑知识的形成与传播是从根本上解决这一问题的重要方法之一。

再次,经济效益是蚕桑知识形成与传播的又一重要原因。乾隆年间关中地区"岁能取丝三五斤,便完通省赋税有余……若能取丝百余斤,即可为中人之富矣"③,更为重要的是"水丝一斤货银一两四五钱,能买木棉二十斤"④,蚕丝在价格上的巨大优势无疑成为其发展的重要原因。

最后,实现长治久安、本固邦宁是蚕桑知识形成与传播的重要政治原因。从政府层面而言,"家有盖藏,然后礼乐刑政之教,可渐以讲习"⑤,从而可实现其长治久安的目标;作为普通士人,杨屾认为经世大务不外乎教、养两端,满足"养"的前提条件下,便可实现其"养之以农,卫之以兵,节之以礼,和之以乐,生民之道毕矣"⑥的目标。

实学思想、人口压力、经济效益、政治理想等因素相互交织便构成了清代前期蚕桑知识形成与传播的重要历史动力。

二、不同层面蚕桑知识的转化

不同地域的气候、环境、蚕桑品种、生产习惯等有所不同,从这个角度来说各地的蚕桑知识都属于所谓的"地方性知识"(Local Knowledge)。然而,在传播过程中地方性蚕桑知识和与之相对应的标准性蚕桑知识往往相互转化,并且来源不同的地方性蚕桑知识转化为标准性蚕桑知识的途径也不一定相同。

清初蚕桑知识形成过程中多考虑了知识的地方性与标准性问题。农书作

① 清实录·高宗纯皇帝实录·卷四十四之四.
② [清]杨屾.豳风广义·凡例[M]//范楚玉辑.中国科学技术典籍通汇·农学卷·第4册.郑州:河南教育出版社,1994:210.
③ [清]杨屾.豳风广义·凡例[M]//范楚玉辑.中国科学技术典籍通汇·农学卷·第4册.郑州:河南教育出版社,1994:214.
④ [清]杨屾.豳风广义·凡例[M]//范楚玉辑.中国科学技术典籍通汇·农学卷·第4册.郑州:河南教育出版社,1994:214.
⑤ 清实录·高宗纯皇帝实录·卷四十二之一.
⑥ [清]杨屾.豳风广义·弁言[M]//范楚玉辑.中国科学技术典籍通汇·农学卷·第4册.郑州:河南教育出版社,1994:209.

者编纂农书时充分注意到不同地域的自然条件的差异,如《授时通考》在编纂过程中一再提到"注家诠解不一,且南北异宜,即老农亦未能悉辩,今取其广种而利溥者罗列于前"①。蒲松龄在《农桑经》中也提到"或行于彼,不能行于此"②的问题。杨屾在《豳风广义》中讨论初蚕下蚁的时间时提到"凡各省养蚕,下蚁之时不同,广东立春、四川惊蛰、浙江清明,我秦中谷雨前三四日"③;而讨论到秦中曾有过的"剥桑技术"时,提到"洛阳、河东亦同,山东、河朔则异于是"④等,都充分说明了这一点。李拔在《蚕桑说》中多次提到四川、湖州等地的蚕桑生产技术也属于这一性质。

这些地方性蚕桑知识在传播过程中,通过不同的途径渐次转变为标准性蚕桑知识。由政府主持编纂的《授时通考》中的蚕桑知识,其知识本来自《蚕书》《蚕论》《蚕经》等一些地方性知识,但是经过编纂过程中"取其广种而利溥者"等一系列的筛选,相关蚕桑知识具有了更大的适用范围,加之政府强制性的劝课农桑的措施,该书中的蚕桑知识具有了标准性知识的性质和地位。而《豳风广义》中的蚕桑知识则因其较强的适用性、指导性而由地方性知识演变为标准性知识。该书被多地地方官员作为劝课农桑的知识载体,随着使用范围和传播范围的扩大,原本属于关中地区的地方性蚕桑知识,此时已经逐渐演变为包括了甘肃、青海、山东、四川、湖南、陕西等地域的标准性蚕桑知识。而作为传统的蚕桑生产的发达地区江浙、四川等地的蚕桑知识因其蚕桑生产技术与蚕桑业的先进性,在传播时无形中具备了标准性知识的性质和地位,政府的诏令公告中多次提到"延访南人之习农者、以教导之"充分说明这一点,这也是各地封疆大吏在劝课农桑时延访南人传授蚕桑知识的根本原因。

另一方面,当这些原本属于地方性的蚕桑知识转化为标准性蚕桑知识而得到进一步传播之后,在实际的蚕桑生产过程之中往往又被再次转化为地方性蚕

---

① [清]鄂尔泰,等.授时通考校注[M].马宗申校注.北京:农业出版社,1991:3.
② [清]蒲松龄.蒲松龄全集·农桑经·第三册[M].上海:学林出版社,1998:247.
③ [清]杨屾.豳风广义[M]//范楚玉辑.中国科学技术典籍通汇·农学卷·第4册.郑州:河南教育出版社,1994:254.
④ [清]杨屾.豳风广义[M]//范楚玉辑.中国科学技术典籍通汇·农学卷·第4册.郑州:河南教育出版社,1994:234.

桑知识。以《授时通考》为例,政府再三强调"务使农桑之业,曲尽地之所宜"①"随地制宜,因民劝导"②,也就是说在具体的蚕桑生产过程中一定要结合各地气候、环境、蚕桑品种而有所斟酌,这时作为标准性的蚕桑知识又再一次被还原为地方性知识。

由此可知,在蚕桑知识的形成与传播过程之中,相关知识的属性在地方性知识和标准性知识之间不断转换,而在此过程中蚕桑知识也发挥了其应有的价值和功能。

三、直接来自实践的知识具有更好的传播效果

来源不同的蚕桑知识在传播过程中发挥的功能也有不同。相比较而言,来自亲自实践的蚕桑知识更容易在蚕桑生产中发挥直接指导作用,从而具有更好的传播效果。

通过文献编纂而来的蚕桑知识对生产实践所发挥的指导功能往往是间接地。例如,《授时通考》一书传播范围远超过同时期的各类蚕桑书籍,然而进一步分析可以发现,该书多是作为"藏书"的形式而存在,例如"文昌祠……存贮书籍:《御纂周易折衷》壹部……《钦定授时通考》壹部……"③。个别地方志中将《授时通考》一书作为讨论当地蚕桑知识的来源或标准,例如"于丝枲则桑,《授时通考》别为桑政,品产亦饲蚕,然无知课种者"④。

而与之形成对比的是,《豳风广义》一书大量被基层地方官吏作为劝课农桑的一手材料进行传播,并且在此过程中数次被进一步改编后推广。早在乾隆二十五年(1760年)之前,宁夏中卫地方官吏就对《豳风广义》进行节取后推广,"采《豳风广义》数条,并附论以示劝"⑤;嘉庆十三年(1808年)时任兴安(今陕西安康)知府的叶世倬,以《豳风广义》为蓝本结合其经验改编为《蚕桑须知》一

---

① 清实录·高宗纯皇帝实录·卷四十四之五.
② 清实录·高宗纯皇帝实录·卷四十四之五.
③ [清]许午.南昌县志·卷八[M].乾隆五十九年刻本.
④ [清]郭嵩焘.湘阴县图志·卷二十五[M].光绪六年县志局刻本.
⑤ [清]黄恩锡.中卫县志·地理考·卷一[M].清乾隆刻本.

书①，就现有资料来看，该书在陕西安康②、延川③，四川罗江④、绵阳⑤等地流行较广。其中，延川地方官吏进一步改编叶世倬的《蚕桑须知》，使之更加浅显，更加易于推广（"健庵叶中丞辑双山杨氏《豳风广义》订《桑蚕须知》一册，本极详明，而山农尤以文繁，难于卒读，义深不能悉解，因节取而浅说之"）⑥。要让从事蚕桑生产的山农直接阅读，所以这一类蚕桑知识在实践中发挥直接的指导功能。

来自亲自实践的蚕桑知识具有更强的生命力，更能够直接发挥具体的指导功能，其主要原因是这类蚕桑知识来自作者亲自实践，所以内容更加条理，具有更多的可供实践者借鉴的操作经验和详细的操作步骤。

① [清]叶世倬.续兴安府志·卷七[M].嘉庆十七年刻本.
② [清]叶世倬.续兴安府志·卷七[M].嘉庆十七年刻本.
③ [清]谢长清.重修延川县志·卷一[M].道光十一年刻本.
④ [清]叶朝采.续修罗江县志·新撰蚕桑宝要序·卷二十四[M].同治四年刊本.
⑤ [清]叶朝采.直隶绵州志·新撰蚕桑宝要序·卷四十九[M].同治十二年刻本.
⑥ [清]谢长清.重修延川县志·卷一[M].道光十一年刻本.

第四章
卡斯特拉尼湖州养蚕实践

——基于《中国养蚕法：在湖州的实践与观察》的研究

　　一般认为卡斯特拉尼在湖州的养蚕实践是我国近代实验蚕桑知识形成的发端。此后，经过不同方式的输入和交流，近代西方意义上的实验蚕桑知识体系在我国逐渐建立起来，并不断发展，在此过程中，蚕桑知识得以形成、蚕桑教育体系逐渐建立、蚕桑业得以复兴并不断完善。21世纪初，以"家蚕基因组框架图"为代表的一系列蚕研究成果的出现，标志着我国再次开始成为世界蚕桑研究的中心。

第一节 养蚕实验

一、实验背景与目的

19世纪40年代,发端于法国的家蚕微粒子病在欧洲不断蔓延,受此影响,意大利的生丝产量大幅下降,其在地中海盆地丝绸生产的霸主地位一去不复返,与此同时,法、英等国的丝绸纺织工业也受到严重影响。在此背景下,格拉多·佛莱斯奇和乔凡·巴蒂斯塔·卡斯特拉尼于1859年初带领欧洲第一支以寻找健康蚕种为目的的大规模探险队前往遥远的东方,其中一支去往中国。该探险队的主要目标有二:一是从东方购得大批量健康蚕种,二是对东亚地区的养蚕业进行深入的科学研究。也因此目的,其探险活动受到了英、法等国的外交、科研、资金的支持。①

从中国角度而言,此时正值太平天国运动与第二次鸦片战争时期,社会动荡、通信速度缓慢以及与列强交往的不对等性等因素,使得卡斯特拉尼一行在中国能够非法逗留较长时间②。

卡斯特拉尼探险队于1859年1月11日起航出发,3月初到达上海,并于4月26日开始在湖州进行为期50天的养蚕实践。

二、实验人员

前往东亚的探险队成员包括卡斯特拉尼,佛莱斯奇,一名法国女性Rosina

---

① [意] Claudio Zanier. 1859年前往印度和中国的卡斯特拉尼和佛莱斯奇探险队[C]//[意]乔凡·巴蒂斯塔·卡斯特拉尼.中国养蚕法:在湖州的实践与观察.杭州:浙江大学出版社,2016:21.
② [意]乔凡·巴蒂斯塔·卡斯特拉尼.中国养蚕法:在湖州的实践与观察[M].杭州:浙江大学出版社,2016:38-4.

Granderie Mure,佛莱斯奇的儿子古斯塔沃,卡斯特拉尼的副手 Federigo Sciarelli,一位名叫 Francesco Ferdinando de'Perfetti 的大公爵代表,以及摄影师卡内瓦。其中,在中国的活动主要由卡斯特拉尼和 Federigo Sciarelli 等人负责。

在湖州参加养蚕实践的人员主要有四位中国养蚕专家、卡斯特拉尼、Federigo Sciarelli、古斯塔沃·佛莱斯奇。其中,一位中国专家来自上海,另外三名专家是湖州当地的蚕农(卡斯特拉尼提到有"四个欧洲人和五个中国人"[①],另外一名中国人当是翻译);卡斯特拉尼之前出版过养蚕手册,Federigo Sciarelli 是一位来自意大利的蚕农并帮助过卡斯特拉尼养蚕,古斯塔沃则帮助过其父亲管理过养蚕的蚕室和丝绸工厂[②]。也就是说参与养蚕的实验人员分别对中欧养蚕实践和方法比较熟悉,特别是卡斯特拉尼本人还具有较好的科学素养,这是湖州养蚕实践得以顺利开展的人员和技术保障。因此,卡斯特拉尼提到"关于养蚕的管理,我只给予指导,这样我就可以自由的拜访山下平原的蚕农,将他们的养蚕结果与我们在寺庙得到的进行比较。"[③]

三、养蚕地点与工具

卡斯特拉尼在法国驻沪大使蒙提尼(Charles de Montigny)、上海道台、湖州知府协助下,在湖州城外一个山顶上的寺庙里进行养蚕实验。可以进行养蚕的场所是寺庙内一楼的一个房间和二楼的两个房间。他们用竹竿和席子把房间一分为二,用石灰水粉刷墙壁,并且添置了一个炉子,做好了养蚕的前期准备工作。

关于养蚕的工具,卡斯特拉尼在《中国养蚕法:在湖州的实践与观察》(以下简称《中国养蚕法》,笔者注)一书中没有进行明确的交代,所以,其养蚕器具可能有一部分来自意大利,一部分来自湖州本地。此外,他们在养蚕过程中使用了温度计和显微镜。

---

① [意]乔凡·巴蒂斯塔·卡斯特拉尼.中国养蚕法:在湖州的实践与观察[M].杭州:浙江大学出版社,2016:42.
② [意]Claudio Zanier.1859年前往印度和中国的卡斯特拉尼和佛莱斯奇探险队[C]//[意]乔凡·巴蒂斯塔·卡斯特拉尼.中国养蚕法:在湖州的实践与观察.杭州:浙江大学出版社,2016:21.
③ [意]乔凡·巴蒂斯塔·卡斯特拉尼.中国养蚕法:在湖州的实践与观察[M].杭州:浙江大学出版社,2016:42.

四、实验蚕种

卡斯特拉尼在《用中西方两种不同的方法在中国养蚕》一文中主要提到的蚕种，一部分是1859年3月份得到的一些中国蚕卵，一部分是4月份在湖州当地收购的蚕卵。此外他还提到"无法逃避的高温使其他品种的蚕也孵化了"，这里的"其他品种的蚕"应该是其随身携带的来自意大利的蚕种，该问题详见本章余论。

五、实验设计和实施

1859年4月19日，卡斯特拉尼一行在在赶赴湖州的途中（4月26日登岸），蚕卵开始孵化，这批已经孵化的蚕卵由同行的中国蚕桑专家按照中国的方法照看。为了更好地进行对比实验，卡斯特拉尼一行再次收购一批蚕卵。卡斯特拉尼提到，此次养蚕实验"我和中国专家各自饲养了两批蚕，一批在船上孵化，另一批在陆地上孵化"，之后，卡斯特拉尼"进一步将自己的蚕细分，一部分用人工加热饲养，其余的则在环境温度下饲养"[①]。换句话说，意大利专家和中国专家各自饲养一批在船上孵化的蚕和一批在陆上孵化的蚕，并且意大利专家饲养的蚕一部分在人工加热环境下进行，一部分在环境温度下进行。

其具体的养蚕实验过程如表4-1所示：

表4-1　卡斯特拉尼团队在湖州的养蚕实验[②]

孵化地点	实验参与者	实验变量	控制变量	实验现象	分析	总结论
船上孵化	卡斯特拉尼团队	人工加热；一龄期间，清理蚕匾一次，二龄期间清理蚕匾两次	定期给叶；三眠后，停止加热	二眠时，发现Lattoni，许多蚕蜕皮之后，数条蚕无法完成蜕皮；		1.虽然在养育中国蚕的过程中应用人工加热可以在前期延长一些蚕的生命，但是，这些蚕在饲养过程中几乎全部死亡；2.中国方法比我们的方法更容易保住一些蚕的生命；

[①] ［意］乔凡·巴蒂斯塔·卡斯特拉尼.中国养蚕法：在湖州的实践与观察[M].杭州：浙江大学出版社，2016：109.
[②] 此表为笔者据《中国养蚕法：在湖州的实践与观察》一书内容整理而成.［意］乔凡·巴蒂斯塔·卡斯特拉尼.中国养蚕法：在湖州的实践与观察[M].杭州：浙江大学出版社，2016：109-112.

续表

孵化地点	实验参与者	实验变量	控制变量	实验现象	分析	总结论
船上孵化				三眠时,入眠太早或太晚,无法正常蜕皮,或蜕皮后不能进食,大量蚕死亡;四眠时,蚕越来越虚弱;五龄期间,发现了几条Lattoni蚕,一些Strangled Strozzato蚕;中国专家团队收获蚕茧是卡斯特拉尼团队收获的两倍		3. 用我们的方法饲养中国的蚕,在孵化时损失很小,而在后期死亡率就不可避免;用中国方法死亡率会发生在早期,因此损失较小;4. 中国蚕在一到三龄可以在人为保持的18列氏度(22.5℃)的温度下饲养,但是相比较在环境温度下饲养,用人工温度加速蚕生长所设想的优势却被更高的死亡率所抵消;5. 尽管我尽了最大的努力,但是两批的结果却都不及耗在吸鸦片上的时间比照顾蚕的时间更多的中国专家6. 虽然我每天用透镜检验蚕,但是正如我没有在其他人养的蚕中发现蚕萎缩的迹象一样,不管在我还是中国专家饲养的蚕中都不曾发现这种迹象,并且我认为在这些地区甚至没有潜在的这种疾病。否则,我就会在那些在船上孵化的蚕身上发现一些端倪,因为它们所承受的压力使它们更容易患病

续表

孵化地点	实验参与者	实验变量	控制变量	实验现象	分析	总结论
船上孵化		环境温度；一龄期间，清理蚕匾一次，二龄期间清理蚕匾两次；(三眠后，分一半蚕给中国专家团队，用中国方法饲养)	视需给叶	三眠时，入眠太早或太晚，无法正常蜕皮，或蜕皮后不能进食，大量蚕死亡；中国专家团队收获蚕茧是卡斯特拉尼团队收获的两倍		
	中国专家团队	人工加热				
		环境温度；(三眠后，接收卡斯特拉尼团队环境温度饲养的蚕，用中国方法饲养，在石灰下度过36小时)	加石灰和炭粉	一眠时，许多蚕死于石灰和炭粉；二眠时，更多蚕死去；三眠时，死亡率下降；蚕的存活数量少于卡斯特拉尼团队的蚕数，但更健康、更有活力；四眠时，蚕越来越健壮；中国方法饲养的接收意大利团队的蚕，死亡率明显低于后者蚕的死亡率，顺利蜕皮并开始进食；蚕很健壮	石灰和炭粉影响	灰炭粉影响

续表

孵化地点	实验参与者	实验变量	控制变量	实验现象	分析	总结论
陆上孵化	卡斯特拉尼团队	人工加热		三眠以前,零死亡率;三眠时,有很多亮头蚕,无法入眠,变得萎缩;眠醒后,拒绝进食;四眠时,发现了其他亮头蚕,还有一些Lattoni和难以蜕皮的蚕;最后一天,出现大量Lattoni蚕,损失大约十分之一蚕;八天内完成作茧;中国专家获得蚕茧数是卡斯特拉尼团队获得数量的1.2倍	人工加热导致	
		环境温度		三眠以前,零死亡率;四眠时,少数蚕发育迟缓;最后一天,出现大量Lattoni蚕,损失大约十分之一蚕;八天内完成作茧;中国专家获得蚕茧数是卡斯特拉尼团队获得数量的1.2倍		

续表

孵化地点	实验参与者	实验变量	控制变量	实验现象	分析	总结论
陆上孵化	中国专家团队	人工加热				
		环境温度	加石灰和炭粉	三眠以前,一些死蚕;三天内完成作茧;中国专家获得蚕茧数是卡斯特拉尼团队获得数量的1.2倍		

　　卡斯特拉尼的养蚕实验是最早用近代科学的方法对中欧养蚕方法进行比较研究的活动之一,他们在养蚕过程中使用了温度计、显微镜等仪器,有意识地使用控制变量法进行实验设计,最后结果肯定了中国方法的优越性,肯定了中国蚕种的优越性,这是探险队在否定了印度、孟加拉等地蚕种之后的最大希望所在,为其探险活动的成功提供了可能。

　　当然,卡斯特拉尼寻求的解决微粒子病的目的,并没有得到最终解决,直至1867年巴斯德(Louis Pasteur,1822—1895)发明了"袋制种法"才为这个问题的解决提供了方法。

第二节　养蚕实践的思考与讨论

一、研究数据的获得

　　卡斯特拉尼一行于1859年4月中旬赶赴湖州,4月26日到达湖州,在此进行养蚕实验,前后共计50天的时间。其养蚕实验数据主要来自其实验过程,此外,他们还进行了大量的文本研究以及调查走访。

从《中国养蚕法》一书可知,作为养蚕专家,在来中国之前,卡斯特拉尼对养蚕方法已有深入的了解,并通过资料较为详细地了解了中国的养蚕方法。从该书可知,卡斯特拉尼对于法国、意大利的养蚕方法非常熟悉,例如他对用湖州方法养蚕过程中蚕的死亡率和用欧洲当时先进养蚕方法——文森佐·丹多罗的现代养蚕方法——养蚕过程中的蚕的死亡率进行了比较[1];他比较了湖州蚕农和意大利弗留利蚕农在地上喂养蚕的方法[2]。类似案例书中还有很多,这些案例说明他对于相关内容的娴熟程度。此外,如上文所述,该书至少五次引用法国汉学家儒莲(Stanislas Julien,1797—1873)所编辑的《蚕桑辑要》一书中的内容[3],该书中他还阅读了传教士Tcheng、Ly等人的关于养蚕的手稿。这说明卡斯特拉尼一行在湖州养蚕实践前后尽可能地通过各种资料了解了中欧养蚕的相关内容。

其次,在湖州养蚕的过程中,卡斯特拉尼通过观察、走访进一步搜集到了湖州蚕农养蚕的大量信息。卡斯特拉尼提到"每天晚上,当一天的辛劳结束后,我都会给他们(他们指协助其养蚕的中国专家——笔者注)面谈,如果有任何问题,我都会向他们提问,并写下他们的答复,以便发现任何遗漏之处"[4],他观察或访谈的养蚕专家至少包括Huan-Yan-Lon、Adò、Zie-Ziam-Lon、Cia-an-sé、Zo-Zie-zie、Chan-An-Se等人,其中,卡斯特拉尼还定期采访Huan-Yan-Lon(一个严肃而有礼貌的男人)。此外,他们一行还到达过湖州之外几千米的地方就蚕病问题采访过一位长者。

上述资料说明卡斯特拉尼在来中国之前已经尽可能地了解了中国的养蚕方法,在湖州养蚕过程中尽可能地克服各种困难深入到养蚕实践的一线调查走访,这些文献资料的阅读和实践走访为其理解、研究中国养蚕法提供了直接的

---

① [意]乔凡·巴蒂斯塔·卡斯特拉尼.中国养蚕法:在湖州的实践与观察[M].杭州:浙江大学出版社,2016:108.
② [意]乔凡·巴蒂斯塔·卡斯特拉尼.中国养蚕法:在湖州的实践与观察[M].杭州:浙江大学出版社,2016:87.
③ [意]乔凡·巴蒂斯塔·卡斯特拉尼.中国养蚕法:在湖州的实践与观察[M].杭州:浙江大学出版社,2016:51,65,68,69,116.
④ [意]乔凡·巴蒂斯塔·卡斯特拉尼.中国养蚕法:在湖州的实践与观察[M].杭州:浙江大学出版社,2016:43.

资料来源,是其能在短期之内相对顺利地进行比较实验的基础和重要原因。

二、卡斯特拉尼研究结果在西方的传播

18世纪后半叶开始,法国蚕学界一方面翻译中国蚕桑著作,一方面借助欧洲新兴科学知识、仪器和方法对经由传教士传入法国的中国蚕桑知识、蚕种进行了深入的科学研究,形成"法国蚕桑学派"[①],相关"翻译"和研究结果在欧洲得到广泛传播,这是理解卡斯特拉尼东亚探险乃至中西蚕学发展的大背景。例如,1837年,法国汉学家儒莲把《天工开物·乃服篇》和《授时通考·蚕桑门》翻译为法文,并以《蚕桑辑要》的书名刊出。该书当年就被译成了意大利文和德文,第二年又转译成了英文和俄文。著名生物学家达尔文阅读并引用了该书,称之为权威性著作。[②]卡斯特拉尼在《中国养蚕法》一书中最少5次明确提到儒莲的研究内容。也正是因为上述原因,当欧洲蚕业发展遇到微粒子病威胁时,他们首先想到来中国获取解决该问题的方法并购买蚕种。

卡斯特拉尼一行在湖州进行蚕桑研究回国后,于1860年在佛罗伦萨出版了其研究成果,该书马上被翻译成法文,欧洲蚕学专家们通过该书了解到了中国的蚕桑知识和技术,并进行了对比实验。

但据比萨大学历史系Claudio Zanier教授的研究,该书"逐渐被束之高阁"。[③]究其原因,一方面,因为卡斯特拉尼的研究成果对于解决当时欧洲蚕学界的"当务之急"——家蚕微粒子病,不能提供有效的应对方式;另一方面,也更重要的是籍助新兴科学技术和方法,欧洲蚕学界已经开始从近代西方实验科学层面对家蚕生理及生长条件进行研究,并不断探索大规模工业生产,而湖州养蚕实践的研究成果更多地还停留在传统的经验层面。从这个意义上而言,卡斯特拉尼湖州养蚕实践可以说是中西蚕学发展史上的一个转折性事件,蚕桑研究中心和蚕桑业中心开始出现变化。

① 毛传慧.清末民初的蚕桑改良——传统与现代的递演[J]//[法]Christian Lamouroux主编.中国近现代行业文化研究——技艺和专业知识的传承与功能.北京:国家图书馆出版社,2017:47-48.
② 潘吉星.达尔文生前中国生物学著作在欧洲的传播[J].生物学通报,1959(11).
③ [意]Claudio Zanier.1859年前往印度和中国的卡斯特拉尼和佛莱斯奇探险队[C]//[意]乔凡·巴蒂斯塔·卡斯特拉尼.中国养蚕法:在湖州的实践与观察.杭州:浙江大学出版社,2016:20.

三、卡斯特拉尼湖州养蚕实践的意义

卡斯特拉尼在《中国养蚕法:在湖州的实践与观察》一书中记载了当时湖州蚕农浴种的方法主要有:石灰水(或加桑叶)浴种、盐水浴种、石灰水加盐水浴种、撒盐浴种等;其浴种的时间主要是在每年的1月14日前后,卡斯特拉尼记载的浴种效果是"蚕,身体平直,到处爬行、食桑,十分健康强壮""能让蚕更加活泼,反应更加灵敏"(卡斯特拉尼一行是1859年4月26日抵达湖州正式开始其养蚕实验,而《中国养蚕法》一书中所记载的关于浴种的时间是每年的1月14日前后,所以卡斯特拉尼该书中关于浴种方法记载的资料来源应该是通过调查访谈或文献阅读得到的)。

18世纪前期,在关中平原反复进行养蚕试验的杨屾在其《豳风广义》一书中提到"南方有一法,于腊八日将蚕种以盐水浸三日夜,取出悬院中高竿上三昼夜,仍悬室中,次年耐养。予初得其法,疑子被盐渍,恐不能出蚁,后依法试之,亦能生活。但后来茧成,与水浸者无异,似不必用盐"。[①]

卡斯特拉尼的实验结论是建立在前期的访谈以及后期观察基础之上,并且运用现代西方实验科学的理论进行批判之后得到的,而杨屾的结论则是通过自雍正七年(1729年)开始十余年的反复试验基础上得到的。笔者认为造成其结论差异的主要原因是湖州地区气候潮湿,因此正如卡斯特拉尼所述"(石灰、盐、和露天晾干)能增强蚕的体质,能保护蚕卵避免受湿度过量的危害",因此保持蚕体干燥是蚕农在养蚕过程中关注的重要内容之一,而杨屾所在的关中平原属于半干旱大陆季风气候,气候本身相对干燥,因此其效果"与水浸者无异"。

这种结论的差异虽然是由于外界环境的差异所造成,但是其养蚕实践及其结论本身则具有重要的意义。杨屾师徒通过文献阅读、调查访谈等方法进行养蚕实践,用自己的养蚕实践对养蚕方法进行梳理、检验,甚至在养蚕的过程中也运用了比较、控制变量等方法,对传统蚕学发展起到了重要的推动作用[②],但其

①[清]杨屾.豳风广义·弁言[M]//范楚玉辑.中国科学技术典籍通汇·农学卷·第4册.郑州:河南教育出版社,1994:252.

②李富强.18世纪关中地区农桑知识形成与传播研究——以杨屾师徒为中心[J].自然科学史研究,2017(1):45-59.李富强,曹玲.清代前期我国蚕桑知识形成与传播研究[J].中国农史,2017(3):36-45.

蚕桑研究基本仍停留在经验层面。卡斯特拉尼一行一方面已经开始使用温度计、显微镜等近代科学仪器以及近代实验科学的方法对家蚕生长进行研究,另一方面,对于湖州养蚕方法的观察、验证、批判性继承是基于现代西方科学意义上的实验原理,例如,实验设计中的控制变量法的严格使用,以及他一再提到"得到结论必须遵循已得到证明的事实,测试各种可能性并进行对比性观察,最终基于事实,形成理论"等,这也是卡斯特拉尼一行湖州养蚕实践在中国蚕学发展史上的重要价值所在,我们可以进一步说卡斯特拉尼一行是第一次用现代西方科学理论对湖州传统养蚕实践的一次相对系统的观察和评价。此次养蚕实践前后,欧洲蚕学开始在借鉴中国蚕学成果的基础上走上了近代实验科学范畴下的新的发展道路,而中国蚕学依然停留在经验层面缓慢前行。虽然此时中国生丝生产依然在世界生丝生产总额中占据重要比重,但是其蚕学发展渐次式微。并且因为各方面的原因,中国近代蚕桑科学知识和技术的引进一直到近半个世纪后的19世纪末由江金生赴欧学习养蚕、报章翻译[①]、聘请日本蚕学教习及派学生留日学习[②]等途径逐渐开始,这是中国蚕业在近代式微的学术背景,此中的观念及制度方面的原因不得不引起我们的进一步思考。

第三节　余　论

有学者认为卡斯特拉尼湖州养蚕实践致使家蚕微粒子病被传入中国。卡斯特拉尼通过养蚕实验在《中国养蚕法》一书中最终得到结论:"虽然我每天用透镜检验蚕,但是正如我没有在其他人养的蚕中发现蚕萎缩的迹象一样,不管在我还是中国专家饲养的蚕中都不曾发现这种迹象,并且我认为在这些地区甚

① 蒋国宏.现代农业科技的引入与生长——以清末民初东南精英的蚕种改良为视角[J].南京农业大学学报,2011(11):104.
② 罗振玉.杭州蚕学馆成绩记[J].农学报·百二十·闰八月下,上海市历史文献图书馆藏.

至没有潜在的这种疾病。"①亦即卡斯特拉尼通过实验得出结论至少在其在湖州进行养蚕实践时,当地尚未发现家蚕微粒子病。那么家蚕微粒子病是否是由卡斯特拉尼一行传入中国的呢?

有学者指出:"1859年春,卡斯帖拉尼(卡斯特拉尼——笔者注)在当时法国驻沪大使蒙提尼(Charles de Montigny, 1805—1868)的协助下,随行携带确定感染了微粒子病的蚕种和科学仪器和设备,随同在上海附近雇佣的一位蚕师,到中国的蚕桑首府——湖州地区的一座小庙进行育蚕实验,同时对当地的蚕桑生产技术、使用蚕具和蚕病情形进行调查。②""蚕病于是在无人知晓的情形下流入中国,在毫无戒备之下快速蔓延至全国。③"此外,还有学者指出"无论如何,我们知道他们于4月26日抵达湖州,并立刻开始建立一个临时实验室,用于对本地蚕的实验,还用从意大利带来的蚕卵作为对照。"④相关资料至少表明,卡斯特拉尼一行在湖州进行养蚕实践时,的确携带了从意大利带来的蚕卵,而这些蚕卵极有可能是中国家蚕微粒子病的源头。

卡斯特拉尼在该书中的实验部分并没有明确提及他们随行携带的来自意大利的确定感染微粒子病的蚕种的发展情况,并且在正文中对于其自身携带的蚕种也没有清楚交代。那么,家蚕微粒子病于何时、何地、以何种途径传入中国? 该病在中国如何传播? 上述问题还有待进一步深入讨论。

① [意]乔凡·巴蒂斯塔·卡斯特拉尼.中国养蚕法:在湖州的实践与观察[M].杭州:浙江大学出版社,2016:112.

② C.-B. Castelllani, De l'éducation des vers à soie en Chine(在中国进行的育蚕实验), Paris: Amyot libr., 1861. 本文转引自毛传慧清末民初的蚕桑改良——传统与现代的递演[J]// [法]Christian Lamouroux 主编. 中国近现代行业文化研究——技艺和专业知识的传承与功能. 北京:国家图书馆出版社,2017:47-48.

③ 毛传慧.清末民初的蚕桑改良——传统与现代的递演[J]// [法]Christian Lamouroux 主编. 中国近现代行业文化研究—技艺和专业知识的传承与功能. 北京:国家图书馆出版社,2017:47-48.

④ [意]Giuseppe Vanzella. 贾科莫·卡内瓦:摄影师在中国[C]// [意]乔凡·巴蒂斯塔·卡斯特拉尼.中国养蚕法:在湖州的实践与观察.杭州:浙江大学出版社,2016:32.

第五章
蚕桑科技家庭传承研究

个体家庭作为整个社会物质生产、人口繁衍的基本单位，对社会的正常运转和发展具有重要的作用和意义，对于文明的延续和发展具有重要的促进作用。

在传统农业社会，百姓耕而食之，织而衣之，一夫不耕，或受之饥，一妇不织，或受之寒，如孟子所言"五亩之宅，树之以桑，五十者可以衣帛矣""百亩之田，勿夺其时，数口之家可以无饥矣"。在这样男耕女织、自给自足的家庭生产过程中，蚕桑知识的母女相传、姑妇相传、父子相传等代际传承，以及一定范围内的邻里相传等同代传承在传承模式、传承内容、传承方式、传承目的等方面均具有鲜明特征，为蚕桑知识传承研究提供了独特的视域，至今仍有积极的借鉴价值和意义。

第一节　家　庭

　　家庭,特别是个体家庭,是随着人类社会的不断发展而出现的。家庭发展经历了一个由群体家庭到个体家庭的发展过程。家族则是由个体家庭按照一定关系所组成的。

　　原始社会氏族成员共同生活在由他们居住的某一区域中,实行的是群体婚姻、群体家庭,如文献记载:"昔太古尝无君矣,其民聚生群处,知母不知父,无亲戚兄弟夫妻男女之别,无上下长幼之道,无进退揖让之礼,无衣服履带宫室畜积之便,无器械舟车城郭险阻之备"①"长幼侪居,不君不臣,男女杂游,不媒不聘,缘水而居,不耕不稼,土地温湿,不织不衣"②等,便是这种生活的反映。这种群居生活,以血缘关系和性关系为纽带结合在一起,实行的是大规模的集体劳动。

　　有学者认为,商周时期"农业的耕作还是以父系的家族为单位,集体协力而进行的",在这个时期,"个体家庭虽作为生活细胞存在,却尚未成为独立的农业生产组织",因为生产力发展水平的约束,"个体小农经济在这一时期还不具备存在的条件。"③随着生产力的不断发展,春秋时的农业生产逐渐由大集体劳动逐渐向小集体劳动甚至个体劳动转变,"父权制的大家庭成为一个具有相对独立性的生产、生活单位,并且逐步取代了过去大家族的地位。"④随着以个体劳动为基础的家庭的不断增多,"大致在春秋中后期,在一些主要国家,以小家庭为主的社会结构应当说已得以建立""到战国时期,个体小农生产方式,在我国应

---

① ［战国］吕不韦.吕氏春秋［M］.长沙:岳麓出版社,1986:255.

② ［战国］列御寇.列子［M］.上海:商务印书馆,1926:43.

③ 朱凤瀚.商周家族形态研究［M］.天津:天津古籍出版社,1990:2,434,436,438.

④ 李学勤.春秋史与春秋文明［M］.上海:上海科学技术文献出版社,2007:136.

当说已经得到确立,小农经济已经构成各国的立国基础"①。小农作为小生产者,获得国家分给他们的土地,负担国家派给他们的租、赋、徭役,这样一种男耕女织、自给自足的生产方式、经济结构基本维系到了近代,虽然其具体内涵屡有变迁。

家族是以家庭为基础的,同一男性祖先的子孙,虽然已经分居、分财、各爨,形成了多个体家庭,但依然世代相聚在一起,按一定规范,以血缘关系为纽带结合成为一种特殊的社会组织形式。②

本节所讲家庭,主要是指个体家庭,同时也包括由个体家庭组成的家族。

第二节　家庭传承模式

甲骨文中已经有大量关于蚕桑及蚕桑生产的记载,后世更有大量的关于蚕桑知识的文献,但其中关于家庭蚕桑生产的记载相对稀少,且多零星散布于各类文献之中。

如前所述,最初的个体家庭中的蚕桑生产,基本都是男耕女织、自给自足式。到了宋元之后,特别是明清之际,则出现了以交换为主要目的的家庭蚕桑生产,这一时期桑叶、蚕种、蚕茧、生丝、绸都曾作为商品进行交换,与之相伴随,出现了专门种桑、养蚕、织绸等专业性的家庭生产。清朝,随着社会生产进一步分工以及外国经济介入,传统的家庭生产逐渐式微,代之而起的是工厂车间生产,缫丝、纺织、印染等生产环节多被工业化生产代替,家庭蚕桑生产范围则逐渐缩小至种桑、养蚕等有限环节。现阶段,农户家庭生产基本上固定在种桑、养蚕等有限范围。

本研究中,根据施教者、受教者之间关系的不同,将家庭蚕桑知识传承分为

---

① 李学勤.战国史与战国文明[M].上海:上海科学技术文献出版社,2007:37.

② 徐扬杰.中国家族制度史[M].北京:人民出版社,1992:2-4.

家庭内部传承和家庭间传承,前者主要是指一个家庭内部的母女相传、姑妇相传、父子相传、姊妹相传等;后者则主要是指一个大家族内或一个乡、镇、社区中,邻里间代际或同代间的技术传承。

一、家庭内传承

传世的文献中有大量描述蚕桑生产的内容,从中可以管窥家庭蚕桑生产过程,例如:

> 平原沃土,桑柘甚盛,蚕女勤苦,罔畏饥渴……茧薄山立,缫车之声连蔓相闻,非贵非骄,靡不务此。①

> 四邻多是老农家,百树鸡桑半顷麻。尽趁清明修网架,每和烟雨掉缫车②

从以上资料可以看出:

第一,家庭蚕桑生产者主要为女性,如:"蚕女勤苦""工女机杼"等都反映了这一事实。

第二,在许多地区,农村中家庭蚕桑生产颇具规模,如:"茧薄山立,缫车之声,连蔓相闻,非贵非骄,糜不务此"。生产的繁荣则更可能带来相关技术的普及和交流,可能带来技术的创新和发展。

此外,还有一些资料直接反映家庭蚕桑生产过程中技术传承,例如:

> 酒姥溪头桑袅袅,钱塘郭外柳毵毵。路逢邻妇遥相问,小小如今学养蚕。③

> 聚家之老幼,姑率其妇,母督其女,篝灯相对,星月横斜,犹轧轧纺车声达户外也。④

---

① [宋]李觏.李觏集·富国策第三[M].北京:中华书局,1981:137.
② [唐]陆龟蒙.奉和夏初袭美见访题小斋次韵.影印文渊阁四库全书·御定全唐诗·卷六百二十五[M].台北:台湾商务印书馆,1983:1429-282.
③ [唐]施肩吾.春日钱塘杂兴二首.影印文渊阁四库全书·御定全唐诗·卷四百九十四[M].台北:台湾商务印书馆,1983:1427-872.
④ [清]关廷牧.宁河县志·卷十五·风物[M].乾隆四十四年刻本.

贫户皆自织,而令其童稚挽花,女工不事纺绩,日夕治丝,故儿女自十岁以外,皆早暮拮据以糊其口。①

小麦青青大麦黄,原头日出天色凉。姑妇相呼有忙事,舍后煮茧门前香。缲车嘈嘈似风雨,茧厚丝长无断缕。今年那暇织绢着,明日西门卖丝去。②

由以上资料可以看出:

第一,家庭生产过程中,儿童从小便开始参与简单的生产环节,在实践中学习相关技能。如:"路逢邻妇遥相问,小小如今学养蚕""令童稚挽花……故儿女自十岁以外,皆蚕暮拮据以糊其口"。

第二,家庭内蚕桑技术传承主要是在姑妇、母女间展开。如:"姑率其妇,母督其女""姑妇相呼有忙事,舍后煮茧门前香。缲事噪噪似风雨,茧厚丝长无断缕"等,生动地、立体地再现了传承、生产的场景。

第三,随着生产的分工(专业化),家庭蚕桑技术传承也开始出现专业化。如"女工不事纺绩,日夕治丝""今年那暇织绢着,明日西门卖丝去"。生产分工的直接动力主要是经济利益开始成为生产的主要目的之一,这在引用资料中也有翔实反映。

家庭作为生产生活的基本单位,在生产过程中虽有不同内部分工,但往往共同劳动,在此过程中,母女间、姑妇间、姊妹间、父子间,蚕桑生产技术自然地得到了传承,在家庭成员成长过程中,经过不同周期的耳濡目染,最终将相关内容掌握并传递下去,在此过程中还可能实现技术的创新与发展。

此外还需强调的是这类在生产实践中的蚕桑知识传承,往往针对某一具体问题而展开,这对于传承自身而言,乃至对于现今的学校教育仍具有很强的启示意义。

---

① [清]丁元正,等.乾隆吴江县志·卷三十八·生业[M].乾隆二十二年刻本.
② [宋]范成大.范石湖集·卷三·缲丝行[M].上海:中华书局,1962:30.

◇ 个案研究——《四民月令》

该书是一本典型的小农经济时代的家庭"生活指导手册",对于普通家庭生活具有很强的指导价值。该书按时间顺序详细指出每月应做各类事情,其中有不少关于蚕桑生产的,在研究家庭内蚕桑科技传承方面具有较强的代表性。以下从传承背景、传承模式、传承特点三个方面进行叙述。

1. 传承背景

《四民月令》是东汉崔寔(字子真)所著,可作为一般农家"生活指导手册",该书自著成之日起,历经三国、两晋、南北朝、隋、唐、宋数朝,一直在流传之中,两宋之际失传。现存书稿是从不同书中摘录所得,但尚能基本反映该书原貌。

古人所谓"四民"即士、农、工、商。《尚书·周官》中有"司空掌邦土,居四民,时地利"[①]之说。《春秋谷梁传》中指出"古者立国家,百官具,农工皆有职以事上。古者有四民,有士民(学习道艺者)、有商民(通四方之货者)、有农民(播殖耕稼者)、有工民(巧心劳手成器物者)"[②]《汉书》对其解释有"士、农、工、商,四人有业。学以居位曰士,辟土殖谷曰农,作巧成器曰工,通财鬻货曰商"[③]。月令是上古一种文章体裁,按照一年12个月的时令,记述政府的祭祀礼仪、职务、法令、禁令,并把它们归纳在五行系统之中。《四民月令》便是一本适合于"四民"生产生活的、月令题材的"生活指导手册"。

2. 传承模式

分析书中内容可知:

施教者:崔子真作为本书的作者,可以说是知识传承中的传授者。

受教者:因为该书主要用于指导家庭生产生活,所以知识传承中的受教者则主要是指各类家庭成员,特别是家庭蚕桑生产实践的直接参与者。

传承内容:《四民月令》按照一年十二个月的次序安排家庭各项事务,内容主要包括:"(1)祭祀、家礼、教育以及维持和改进家庭和社会上的新旧关系;

① 黄怀信.尚书注训[M].济南:齐鲁书社,2002.350.

② [晋]范宁.集解·春秋榖梁传·卷八[M].上海:中华书局,1985.197.

③ [汉]班固.汉书·食货志第四上[M].北京:中华书局,1962.1118.

（2）依照时令气候，安排耕、种、收获粮食、油料、蔬菜；（3）养蚕、纺绩、织染、漂练、裁制、浣洗、改制等'女红'；（4）食品加工及酿造；（5）修治住宅及农田水利工程；（6）收采野生植物——特别是药材——并配制'法药'；（7）保存收藏家中大小各项用具；（8）糶籴；（9）其他杂事，包括'保养卫生'等。"[①]上述内容几乎涉及了家庭生活的方方面面。

该书中有关蚕桑的内容如下：

农事未起……命女工趣织布。（正月•一•五，9）

蚕事未起，命缝人浣冬衣，彻复为袷，其有赢帛，遂为秋制。（二月•二•六，21）

清明节，命蚕妾治蚕室：涂隙、穴，具槌、槌、簿、笼（三月•三•二，26）

谷雨中，蚕毕生，乃同妇子，以勤其事。无或务他，以乱本业！有不顺命，罚之无疑。（三月•三•四，26）

四月立夏节后，蚕大食……（四月•四•一，31）

蚕入簇……（四月•四•二，32）

茧既入簇，趣缲；剖绵，具机杼，敬经络。（四月•四•四，33）

是月也……命女红，织缣练。（六月•六•二，49）

……收缣练。（六月•六•六，54）

处暑中，向秋节，浣故制新，作袷薄，以备始寒。收缣练。（七月•七•四，58）

暑小退……凉风戒寒，趣练缣帛，染采色，擘绵，治絮，制新，浣故……（八月•八•二，60、61）

是月也……趣绩布缕。作'白履''不借'。卖缣、帛、弊絮……（十月•十•五，68，69）[②]

---

① 石声汉.四民月令校注[M].北京：中华书局，1965：89.

② 石声汉.四民月令校注[M].北京：中华书局，1965：1-71.

从中我们可以看出:第一,残稿内容包括养蚕、缫丝、纺织、染色等,由此可以推测原书应该覆盖了蚕桑生产的全部主要环节。第二,除蚕桑生产之外,该部分还包括"浣冬衣""有赢帛,遂为秋制""趣绩布履"等,说明了该书是从"衣"的角度入手,对相关内容进行整体规划。换句话说,相关生产可以解决家庭生活中的衣服需求。第三,蚕桑生产的缣、帛、弊絮,既用于自家生活,也用之进行交换。第四,参加蚕桑生产的主要是女性,但在某些环节是全家参与(乃同父子,以勤其事)。第五,该书强调了蚕桑生产的重要性,明确指出"以勤其事。无或务他,以乱本业! 有不顺命,罚之无疑"。

传承方式:主要是以书籍为载体,结合已有生产经验,在具体生产实践过程中进行母女、姑妇、父子间的传承。

传承目的:从上文中可以看出其传承目的主要是满足自给自足的小农经济时代的家庭生产、生活需求。

3.传承特点

分析该案例材料可知其特点主要如下:第一,传承过程中最初的施教者是崔寔本人,继而随着时间、空间的变化,书籍充当了重要的传授中介。第二,受教者主要是家庭内部成员,特别是蚕桑生产的直接参与者。第三,传承内容涉及蚕桑生产的各个环节。第四,传承活动是在一种"自然"状态下进行,在生产实践中进行,并无相关制度条例进行限制和规范。

二、家族间传承

除了以上叙述个体家庭内部蚕桑生产过程中的知识传承,还有同巷、同乡、同社区的邻里间的代际或同代间的传承。相比较而言,这类传承在进行知识传播的同时,还具有知识交流的成分。例如:

> 冬,民既入,妇人同巷,相从夜绩。女工一月得四十五日。必相从者,所以省费燎火,同巧拙而合习俗也。[1]

---

[1]〔汉〕班固.汉书·食货志[M].北京:中华书局,1962:1121.

> 乡村妇女农时俱在田首,冬月则从夜织。①

> 工女机杼,交臂营作,争为纤巧,以渔倍息。②

从以上资料可以看出:

第一,社区内传承,可以"同巧拙而合习俗"。此处,其含义至少有三:一则传播先进生产技术,二则进行相关技术交流,三则合于相关习俗、标准。如此,大幅度提高了生产效率,再加上可以"省费燎火",所以往往"妇人同巷相从夜绩"。这一生产状况至今在很多地方可以看见。

第二,社区内传承,促进了生产者之间的竞争,有利于技术的改进和发展。如:"工女机杼……争为纤巧……"在促进生产发展的同时,也有利于了技术的传承。

◇个案研究——《豳风广义》

杨屾在亲自试验的基础上,将自己的蚕桑知识推广于族中、乡间,并编成《豳风广义》一书,以期在更大范围内进行推广,其目的主要是"无非劝人力业,欲家家享上产之奉,人人蒙自然之利,衣食两足,风俗淳庞,成一太和景象",虽然其后来借助政府力量在全省范围内推

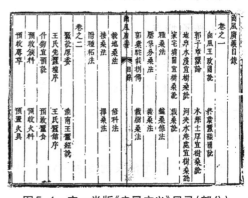

图5-1 宁一堂版《豳风广义》目录(部分)

广,具有劝课农桑的性质,但其同时(特别是在最初阶段)具有家庭传承的特点。

1.传承模式

施教者:根据相关材料可知:第一,杨屾首先在家乡兴平传播他的蚕桑知识,继而欲推广至陕西全省。第二,杨屾的蚕桑知识来源有二,一则通过文献学习得来,一则通过种桑养蚕,亲自精心试验所得。第三,为了更好传播相关内

---

① [清]郑钟祥,张瀛修.光绪常昭合志稿·卷六[M].南京:江苏古籍出版社,1990.

② [宋]李觏.李觏集·富国策第三[M].北京:中华书局,1981.137.

容,作者撰写了《豳风广义》一书。总之,杨屾是整个活动最主要的发起者,是蚕桑知识的直接传授者,正如刘芳所说"来求法学手者无远近,先生皆亲教之"。

受教者:刘芳在该书序言中记载"近来吾乡之童子,皆能缫水丝矣""比闾族党,矜式率由者益众",此外,该书还有"族党从而效者,亦多丰其家"等记载。从中我们可以知道:第一,受教者有"吾乡童子""族党""比闾族党"等。受众范围既有同代间,又有代际间,既有同一社区内,又有不同社区间。第二,记载说"比闾族党,矜式率由者益众",可见传习达到了一定的规模。

传承内容:杨屾在上陈文章中提到,"屾既躬亲其实,实受其益,不忍私诸一身,遂将树桑养蚕之法,织工缫丝之具,集为一书,绘图详解,名曰《豳风广义》"。该书翔实记录了作者所传授的内容,现列该书目录如下表。

表5-1　《豳风广义》目录[①]

	卷之一	卷之二	卷之三	
目录	豳风王政图说	蚕说原委	蚕室	织纴图说	治圈法
	终岁蚕织图说	淮南王蚕经说	祭先蚕图说	脚踏纺车图说	牧放法
	郭子章蚕论	王氏先蚕坛序	立蚕母说	绵茧蒸纺法	收食料法
	水深土厚宜树桑说	王氏蚕馆序	论蚕	解丝图说	铰毛法
	地卑水浅宜树桑说	什物宜预说	择种下子	经丝图说	饲肥羊法
	河决水淹处宜树桑说	预收蚕食	浴蚕种法	引床图说	治羊病法
	家宅坟园宜树桑说	预收簇料	养蚕总要	织纴图说	论鸡
	栽桑说	预收火料	初蚕下蚁法	纬车图说	苞鸡雏法
	种桑法	预收蓐草	辟蚁法	附 养槲蚕说	火苞法
	盘桑条法	预置火具	头眠饲法	纺槲茧法	园放之法
	压条分桑法	预织蒿荐	停眠饲法	畜牧说	谷产鸡子法
	郭橐驼栽树传	预织箔曲	大眠饲法	畜牧大略	饲鸡易肥法
	栽树桑说	预编蚕筐	上蔟法	论猪类	治鸡病法
	栽地桑法	预编蚕盘	摘茧法	择猪种法	论鸭
	修科法	预造蚕槌	蒸茧法	养猪七宜八忌	养鸭法
	接桑法	预造蚕架	附 养热蚕法	饲豚子法	相鸭生卵法
	择桑法	预织蚕网	缫水丝法	收食料法	卵不遗失法
	附 种柘法	蚕匙	缫火丝法	饲肥猪法	养素园序

① [清]杨屾.豳风广义[M].宁一堂版.乾隆庚申刻本.

续表

目录	卷之一	卷之二		卷之三	
		蚕筛	谢蚕神说	治猪病法	园制图
		蚕椽	解桑多蚕广做法	论羊	
		蚕杓		择羊种法	

此外,上述资料还表明作者传授内容不但包括了从种桑、养蚕到缫丝、织纴的各个环节,还包括养猪、养羊、养鸡、养鸭等。其中,以蚕桑为主,畜牧为辅。

传承方式:刘芳在《豳风广义》序言中提道:

> 比闾族党,矜式率由者益众,来求法学手者无远近,先生皆亲教之,先生不欲以衣帛之美,私诸一室一乡,务欲播之当时,垂之奕祀,俾人人均食其报。因著《豳风广义》一帙。[①]

作者也自述:

> 屾因博访树桑养蚕之法,织工缫丝之具,无不按其规程,尽其法则。先自树桑数百株,于己酉年,始为养蚕。乡人每有笑其迂阔难成者,屾亦弗之顾。惟日夜经营,无少懈怠。既而茧成,及缫水丝之日,乡人乃共相环视,见其丝坚韧有色,光亮如雪,睹所未见,莫不惊异。由是,乡邻之中多有效之养蚕者,迄今十有三年,岁岁见收,近来邻邑亦有慕效者。[②]

由以上材料可以看出:第一,杨屾亲自传授("先生皆亲教之")相关知识。他通过生产实践环节进行示范教学应该是合理的推论。第二,作者欲以《豳风广义》一书为载体,由一室而至一乡,继而扩大到一省,甚至在更大范围内传授相关科技知识。

传承目的:根据作者在文中自述,我们可以总结出其传承目的如下:第一,"为斯民立生命"。通过发展蚕桑生产,解决人们的温饱。第二,"为国家培元

---

① [清]刘芳.豳风广义·序[C]//范楚玉辑.中国科学技术典籍通汇·农学卷·第4册.郑州:河南教育出版社,1994:207.
② [清]杨屾.豳风广义·陕西西安府兴平县监生杨屾谨为敬陈桑蚕实效广开财源以佐积贮裕国辅治以厚民生事[M].关中丛书·民国刻本.

气"。人民安居乐业,生活富足殷实,从而使国家长治久安。第三,"欲家家享上产之奉,人人蒙自然之利,衣食两足",正如作者所言"养之以农,卫之以兵,节之以礼,和之以乐,生民之道毕矣""以耕桑为立国之本。故孔子筹保庶,先富而后教;孟子陈王道,先桑田而后庠序",最终在人民丰衣足食、国富民强的基础上进一步施以教化,达到"风俗淳庞,成一太和景象"。这里需要指出的是,作者虽然也强调发展蚕桑生产,使人们生活富足,但推其本意应该仍然是一种男耕女织、自给自足的小农经济,获取经济利益并非其最主要的目的,这与后来的发展经济、以经济效益为核心是有所区别的。

2.传承特点

通过此案例可知其传承特点主要有:传授者所传授技术是通过文献学习,并亲自试验总结所得。传授方式是在实践中通过实际生产环节进行讲授、示范,并辅助以书籍。传承活动是一种民间自发的行为,没有相关的制度条例进行规范、保障。与后文将要提到的劝课农桑传承模式、学校教育传承模式等具有对应的法律、条例进行规范保障不同,该传承活动完全是一种自发的行为,承习者具有不确定性,传承内容、传承方式也具有较大的随机性。传承内容除了蚕桑科技之外,还包括养猪、养羊、养鸡、养鸭等,其中以蚕桑为主,畜牧为辅。究其原因,主要是因为传授者的主要传承目的是"上为国家培元气,下为斯民立生命",最终"欲家家享上产之奉,人人蒙自然之利,衣食两足,风俗纯庞,成一太和景象"。

以上为研究方便起见,将此类传承方式分为家庭内传承、家庭间传承,其实,二者并没有严格的界限,如下便既有家庭内传承,同时也包含家庭间的传承。据文献记载:

> 环太湖诸山,乡人比户蚕桑为务。三四月为蚕月,红纸黏门,不相往来,多所禁忌。治其事者,自陌上桑柔,提笼采叶,至村中茧煮,分箔缫丝,历一月而后驰诸禁。俗目育蚕者曰蚕党,或有畏护种出火辛苦,往往于立夏后,买现成三眠蚕于湖以南之诸乡村。谚云:"立夏三朝开

蚕党",开买蚕船也。①

此处需要指出的是材料中所述养蚕时节,不相往来,有很多禁忌,这在现在看来仍有一定的科学依据。

历史上,贵州黄平苗家村寨家家种桑养蚕,户户缫丝织绸,世代相传,并有生一个姑娘种三棵桑树的习俗。百姓养蚕、收茧、缫丝、织绸等多系女性亲自动手,自养自收、自缫自染、自织自绣、自缝自穿,自给自足。生一个姑娘种三棵桑树,姑娘在成长过程中,在奶奶、母亲、姐姐等长辈或同辈的帮助下,在实践中耳濡目染、潜移默化、学习到养蚕、收茧、缫丝、织绸、刺绣、缝制等全环节的生产知识与技巧。在此过程中,个体熟悉了生产环节和技术,锻炼了操作能力,蚕桑科技得以顺利传承。

在调查中我们发现,现阶段,黄平一带农户养蚕主要集中在种桑、养蚕、收茧等环节,一般是农业、科技部门或蚕茧公司分阶段为农户提供桑苗、三龄蚕,农户在农业、科技部门或蚕茧公司专业技术人员指导下,将三龄蚕养至结茧,然后出售蚕茧。因为三龄以前对消毒技术及环境要求比较高,一般农户难以掌握,所以蚕农所做仅是种桑以及将三龄蚕养至结茧,家庭或社区内代际或同代群体间传承的知识也就限于此范围,传统的农户全环节参与蚕桑生产过程也基本演变成农户只参与种桑以及从三龄蚕养至结茧环节。这种情况在贵州、山西、浙江、江苏、四川等地都基本如此。

与现代片段的、有限的蚕桑知识传承相比,传统的全环节的传承方式更有利于个体的发展,后者不仅使个体能够熟悉生产过程中各阶段的具体细节,同时能使学习者对生产全过程有更深入的认识和理解,从而也更有利于学习者的发展。

此外,家庭传承中出现过对传授者、承习者的身份具有严格要求,传承内容保密的现象。在研究中发现,由于在某些生产环节上,先进的生产技术属于某些人所独有,为了保证其经济利益或者出于其他原因,该技术往往只在一定范围内流传,因此对于传授者、承习者具有严格的要求,甚至相关技艺不仅不传外,即使在家庭内部传承都有所限制。元稹在《织妇词》中有"东家头白双女儿,

---

① [清]顾禄.清嘉录·立夏三朝开蚕党[M].南京:凤凰出版社,1999:104.

为解挑纹嫁不得",反映的就是为了不泄露"挑纹"绝活,不让两个闺女出嫁的事情。

通过以上讨论,可以总结出蚕桑科技家庭传承模式如下。

表5-2　蚕桑科技家庭传承模式

维度	内容	备注
施教者	母、姑,父、家族、社区中的蚕桑技术人员	
受教者	子、女、媳等	
传承内容	蚕桑科技知识、技术	随着近代家庭蚕桑生产范围缩小到种桑、养蚕环节,家庭蚕桑科技传承的内容也由整个环节缩小到种桑、养蚕等有限环节。
传承方式	在做中学	个别辅助以书籍
传承目的	满足生活生产所需,获取经济效益	

第三节　家庭传承模式的特点

由于在施教者、受教者、传承内容、传承目的等方面的特殊性,家庭传承模式呈现出一系列不同的特点,具体如下。

第一,家庭传承属于一种处于"自然"状态的传承,并无相关的制度、法律进行保障、规范。家庭生产属于男耕女织、自给自足的小农经济时代的主要生产形式,随着商品经济的不断发展,经济利益逐渐成为家庭生产的主要目的之一,但即使如此,家庭范围的蚕桑生产知识的传承仍处于一种自然状态,与学校教育、劝课农桑等模式相比,并没有具体的制度或者法律条例进行约束和保障。正因为缺失相对健全的传承机制,所以更容易受到外来因素的影响和冲击,这也是该模式不同于其他模式的主要特点之一。

第二,传承目的主要是满足男耕女织、自给自足的小农生产,继而最终实现农桑立国。近世以来,经济利益逐渐取而代之,成为传承的主要目的。从上文中我们可以知道,传统农业社会时代,百姓耕而食之,织而衣之,基本属于自养自收、自缫自染、自织自绣、自缝自穿。在此基础上,"养之以农,卫之以兵,节之以礼,和之以乐,生民之道毕矣",最终实现农桑立国、天下大同。现阶段,家庭蚕桑生产更多作为整个蚕桑业生产链条中的一个环节,为缫丝工序提供蚕茧,其生产目的已经演变成主要是为了获取经济效益,随着生产目的的转变,相应的家庭蚕桑科技传承的目的也逐渐演变成获取经济效益。

第三,传承技术相对简单,无法传承相对复杂的协作式的技术。如前所述,无论是家庭内部的,还是社区内的蚕桑生产,都属于相对独立的一家一户自给自足式的,一般或者直接种桑、养蚕,或者生产技术含量相对较低的丝绸,由于相对独立的家庭生产规模所限,并不能生产技术相对复杂,需要复杂机械设备、多人协作的产品。所以,与之伴随,相关技术传承也多是相对简单的内容,需要复杂机械设备的、多人合作的技术则一般出现在大规模生产中,也往往在对应场合得以传承。

第四,家庭传承模式在近代开始式微。随着工场、工厂、学校等传承模式的不断发展,蚕桑科技家庭传承模式开始式微,具体表现在:(一)蚕桑科技家庭传承内容的减少。随着蚕桑生产专业化的发展,桑叶、蚕种、生丝、丝绸、刺绣等都成了交换商品,从事某一或某几个环节生产的家庭生产方式逐渐出现,与之相伴,家庭蚕桑科技传承内容开始由全环节向某一或某几个环节转变。(二)蚕桑生产过程中"外援"技术的介入。我们在调查访谈中发现,现阶段全国各地,农户家庭生产主要只集中在有限环节,其他环节则由相关科技部门或者相关公司负责,并且即使是由农户负责的这些环节中,相关部门或公司也会派出技术人员进行跟踪指导。(三)专业传承机构的出现。近世以来,随着蚕桑学校、蚕桑科研机构、农业推广机构等有组织、有计划、专业性的组织出现,家庭传承——这种处于"自然"状态的传承模式——在技术传承中的作用和地位逐渐被其取代。

第六章
蚕桑科技劝课农桑传承研究

在传统的农业社会,农桑发展的好坏直接关系到人们的衣食状况,所谓"农事伤则饥之本也,女红害则寒之原也"。同时,农桑发展也直接影响国家的治安稳定,所以历代君王多强调"以耕桑为立国之本""以农桑为王政之本"。而劝课农桑活动则是实现这一治国理念的有效途径,在此过程之中蚕桑科技也得到传承。

"劝课农桑"中的劝,有引导、勉励、鼓励之义,古时有劝农、劝蚕之说,设有劝农使。古礼,每年春天,举行皇上亲耕、皇后亲蚕仪式。课,有考察、考核之义,凡定有程式而试验稽核,均曰课。"劝课农桑"是指政府引导、勉励农民进行耕织,并对其效果进行稽核的一种行为。

"劝农使的设置,汉承秦置大农丞十三人,人部一州,以劝农桑力田者,此劝农官之始也。唐中、睿之世,州郡牧守,皆以劝农名其官"。①据《元史》记载:"中统元年,命各路宣抚司择通晓农事者,充随处劝农官。二年,立劝农司,以陈邃、崔斌等八人为使。至元七年,立司农司,以左丞张文谦为卿。司农司之设,专掌农桑水利。仍分布劝农官及知水利者,巡行郡邑,察举勤惰。所在牧民长官提点农事,岁终第其成否,转申司农司及户部,秩满之日,注于解由,户部照之,以为殿最。又命提刑按察司加体察焉。"②专业劝农机构的设置以及相关体制的建立和完善,保障了劝课农桑有效实施。

第一节　"劝课农桑"传承模式

如上所述,"劝课农桑"主要是指政府引导、勉励农民进行耕织,并对其效果进行稽核的一种行为。劝课农桑的特点之一便是由政府主导,根据劝课内容、方式和性质的不同,我们将劝课农桑进一步分为中央政府(皇帝)劝农和地方政府(官员)劝农。中央政府劝农,准确地说多是皇帝劝农,主要以颁发劝农诏的形式结合刊散蚕桑科技图书进行;地方政府劝农则是由地方行政官员主持,以刊散蚕桑科技图书,延聘蚕师、机匠、工匠等技术人员当面传授为主要形式。

一、中央政府劝农

中央政府劝农主要是通过颁发诏令、刊散蚕桑科技图书、制定农桑发展政策(或法律条文)等形式进行,以下将从这三个方面分别进行阐述。

(一)诏令类

纵观历代皇帝所颁布的劝农诏书,其主要特点是劝谕、引导,同时兼有管

---

① [宋]高承.事物纪原·卷六[M].台北:台湾商务印书馆,1989:317.
② [明]宋濂,等.元史·志第四十二·食货志一[M].北京:中华书局,2008:2354.

理、技术推广等功能,亦即主要是劝勉各级官吏以及农民重视农桑,通过制度建设、技术推广和一些具体措施保障生产发展,按其内容和形式侧重的不同,本文将其具体分为重视农桑、制度建设、临时措施、督察巡视、技术推广等不同方面。

1.重视农桑

这类劝课农桑的内容主要是强调农桑的重要性,从而引起各级官吏及农民的重视,最终发展农桑生产。此类劝课的内容虽然多是劝谕性质,却为农桑科技发展和推广,农桑生产提供背景、基础和保障,因此历代不绝。如:

> 汉文帝十三年春二月甲寅,诏曰:"朕亲率天下农耕以供粢盛,皇后亲桑以奉祭服,其具礼仪。"①

> 宋孝武帝大明三年冬十月丁酉,诏曰:"古者荐鞠青坛,聿祈多庆,分茧玄郊,以供纯服。来岁,可使六宫妃嫔修亲桑之礼";大明四年三月甲申,"皇后亲桑于西郊"。②

> 魏宣武帝景明三年十二月戊子诏曰:"民本农桑,国重蚕籍,粢盛所凭,冕织攸寄。比京邑初基,耕桑暂缺,遗规往旨,宜必祇修。今寝殿显成,移御维始,春郊无远,拂羽有辰。便可表营千亩,开设宫坛,秉耒援筐,躬劝亿兆";四年三月己巳,"皇后先蚕于北郊"。③

由以上资料还可以看出:首先,此类劝课多是在每年春季进行;其次,与劝课相伴随的往往是皇帝亲耕、皇后亲蚕。一年之计在于春,初春伊始劝谕农桑可以为一年的农桑生产奠定基础。由皇后而内外命妇,再由内外命妇而至更大的范围,在此过程中,既传达了蚕桑生产的重要性,同时也有效地促进了蚕桑生产的发展。

2.制度建设

此处的"制度建设"是指建立一种能够相对长久存在的,能够约束、保障蚕

---

① [汉]班固.汉书·卷四·文帝纪[M].北京:中华书局,2008:125.
② [梁]沈约.宋书·本纪第六·孝武帝[M].北京:中华书局,2008:124.
③ [北齐]魏收.魏书·帝纪第八·世宗纪[M].北京:中华书局,2008:195-196.

桑生产顺利进行的规章制度。如：

> 唐宪宗元和七年夏四月癸巳，"敕天下州府民户，每田一亩，种桑二树，长吏逐年检计以闻"。①

> 元仁宗皇庆二年七月己酉，"敕守令劝课农桑，勤者升迁，怠者黜降，著为令"。②

> 至元七年，又颁农桑之制一十四条……九年，命劝农官举察勤惰。于是高唐州官以勤升秩，河南陕县尹王仔以惰降职。自是每岁申明其制……二十八年，颁农桑杂令。是年，又以江南长吏劝课扰民，罢其亲行之制，命止移文谕之。二十九年，以劝农司并入各道肃政廉访司，增佥事二员，兼察农事。是年八月，又命提调农桑官帐册有差者，验数罚俸。③

不同时代的制度并不相同，但是这些制度从种桑养蚕数量、惩罚奖励措施以及官员劝课效果评价等方面保障了蚕桑生产能够持续、良性发展，从而能够保障农业社会时代基本的衣物之源和国家的长治久安。

3.临时措施

如果说制度建设保障蚕桑生产能够长久、健康的发展，那么临时措施则是对每一时期所面临的具体问题的有效应对。如：

> 东汉和帝永元十三年秋八月，诏象林民失农桑业者，赈贷种粮，稟赐下资谷食。④

> 陈文帝天嘉元年三月丙辰，诏曰："自丧乱以来，十有馀载，编户凋亡，万不遗一，中原氓庶，盖云无几。顷者寇难仍接，算敛繁多……守宰明加劝课，务急农桑，庶鼓腹含哺，复在兹日。"⑤

① ［后晋］刘昫，等.旧唐书·卷十五·宪宗下［M］.北京：中华书局，2008：442.
② ［明］宋濂，等.元史·卷二十四·本纪第二十四·仁宗一［M］.北京：中华书局，2008：2354.
③ ［明］宋濂，等.元史·志第四十二·食货志一［M］.北京：中华书局，2008：2354-2356.
④ ［南朝·宋］范晔.［唐］李贤，等注.后汉书·卷四·孝和孝殇帝纪第四［M］.北京：中华书局，2008：188.
⑤ ［唐］姚思廉.陈书·卷三·本纪第三·世祖［M］.北京：中华书局，2008：49-50.

后汉隐帝乾祐元年三月甲寅，殿中少监胡崧上言："请禁斫伐桑枣为薪，城门所由，专加捉搦，从之。"①

此类劝谕多是在灾荒、战乱之时颁布，并且多为具体的一些约束、恢复措施，解决当前具体问题，与制度建设相补充。

4.督察巡视

与重视蚕桑、制度建设、临时措施等类劝谕并行的还有督察考课，这类劝谕或者直接委派官员到各地督察、巡视蚕桑生产状况，或者直接命令各地行政长官对当地蚕桑生产状况进行督察。如：

> 元帝建昭五年春三月，诏曰："方春农桑兴，百姓勠力自尽之时也，故是月劳农劝民，无使后时。今不良之吏，覆案小罪，征召证案，兴不急之事，以妨百姓，使失一时之作，亡终岁之功，公卿其明察申敕之。"②
>
> 魏太武帝太平真君四年六月庚寅诏曰："……牧守之徒，各厉精为治，劝课农桑，不得妄有征发，有司弹纠，勿有所纵。"③
>
> 宋徽宗政和元年三月己巳，诏监司督州县长吏劝民增植桑柘，课其多寡为赏罚。④

重视农桑、制度建设、临时措施类诏书多是从上到下的信息的单向传递，能够使地方政府、普通百姓了解到蚕桑制度、政策等。督察考课类则通过具体调查，在一定程度上实现了信息从下到上的传递，从而使上级部门能够得到蚕桑生产较为真实的一手资料，并做出进一步决策。

① [宋]薛居正，等.旧五代史·卷一百一·隐帝本纪上[M].北京：中华书局，2008：1344.
② [汉]班固.汉书·卷九·元帝纪[M].北京：中华书局，2008：296.
③ [北齐]魏收.魏书·帝纪第四下·世祖太武帝[M].北京：中华书局，2008：96.
④ [元]脱脱，等.宋史·本纪第二十·徽宗二[M].北京：中华书局，2008：386.

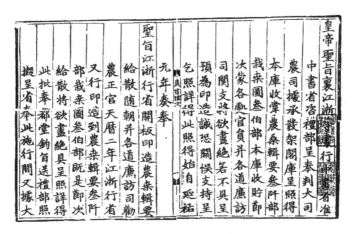

图6-1 元刻本《农桑辑要》咨文

5.科技推广

除以上几种类型的劝谕内容外,还有一类诏书和蚕桑科技传承直接相关的,即蚕桑科技的推广,这里既包括直接的技术传授,也包括相关科技书籍、绘图的刊散。如:

> 辽太宗会同三年十一月丁丑诏有司教民播种纺绩。[1]

> 元仁宗延祐二年八月壬寅,诏江浙行省印《农桑辑要》万部,颁降有司遵守劝课。[2]

> 延祐五年九月癸亥,大司农买住等进司农丞苗好谦所撰《栽桑图说》,帝曰:"农桑衣食之本,此图甚善。"命刊印千帙,散之民间。[3]

以上可操作的措施直接有效地促进了蚕桑科技的传播,进而促进了蚕桑业的发展。

以皇帝诏令——这种传统社会时代最高政府文件形式传递的劝课信息,有力地保障了其内容的重要性、严肃性,有力保障了其实施的条件和结果,同时,也从制度、环境层面确保了蚕桑科技的传承。

① [元]脱脱,等.辽史·本纪第四·太宗下[M].北京:中华书局,2008:49.
② [明]宋濂,等.元史·卷二十五·本纪第二十五·仁宗二[M].北京:中华书局,2008:571.
③ [明]宋濂,等.元史·卷二十六·本纪第二十六·仁宗三[M].北京:中华书局,2008:585.

(二)图书类

如前所述,中央政府在下达劝课农桑政府文件——皇帝诏书的同时,有时会同时刊散农桑相关的技术书籍,特别是在元代,多是以这样的方式进行,《农桑辑要》《栽桑图》等就是这类书籍的代表。

《栽桑图》一书由元代苗好谦所著,"苗氏一生中所任官职,除刚出仕时外,全与劝农有关,毕生巡行督导农业于江淮之间,对农业在行,尤其对栽桑、养蚕有专长,他所到之处,蚕桑生产都有发展,因而朝廷把他的一套技术经验著为功令,推广于各路"。①该书与《农桑辑要》具有同样重要的地位,也经政府多次印颁各地采用,但该书现已失传。故下文主要分析《农桑辑要》一书。

1.《农桑辑要》个案分析

元代设立大司农司专管全国农业、水利,中书省派出官员采访农业发展信息,经过上下反馈制定农业条规颁布各地执行,并以各地方官员督导农业生产成效好坏作为考核政绩的重要依据。

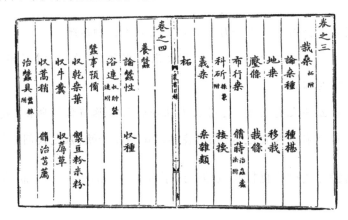

图6-2　元刻本《农桑辑要》目录(部分)

该书作为元代第一部综合性农书,印成于1273年,②其时,元已灭金,对宋战争也即将进入尾声,受连年战争影响,生产遭到严重破坏,百业待兴,农业发展需要指导。此外,横跨欧亚大陆的大帝国的建立,使欧亚大陆交通条件得到

---

① 缪启愉.元刻农桑辑要校释·《农桑辑要》的作者版本和它的咨文[M].北京:农业出版社,1988:539.
② 缪启愉.元刻农桑辑要校释·《农桑辑要》的作者版本和它的咨文[M].北京:农业出版社,1988:539.

了保障,丝绸之路重新繁荣,对蚕丝的需求也在日益增加,故而需要大力发展蚕桑生产。《农桑辑要》正是在这样的背景下,朝廷颁发给各级劝农官员作为指导农业生产的书籍,有元一代,该书一直指导着北方地区农业生产。据考证,该书作者先后有孟祺、畅师文、苗好谦等人,可能还有张文谦。[1]元代有三种刊本,明代约有三种,清代有《武英殿聚珍版丛书》,其后都是殿本的复刻或排印本。

2.《农桑辑要》的内容

表6-1　《农桑辑要》目录[2]

章节	章名	节名
卷一	典训	农功起本 蚕事起本 经史法言 先贤务农
卷二	耕垦	
卷三	栽桑　柘附	论桑种 种椹 地桑 移栽 压条 栽条 布行桑 修莳(治虫蠹等法附) 科斫(采叶附) 接换 义桑 桑杂类 柘

① 缪启愉.元刻农桑辑要校释·《农桑辑要》的作者版本和它的咨文[M].北京:农业出版社,1988:539.
② 缪启愉.元刻农桑辑要校释[M].北京:农业出版社,1988:1-12.

续表

章节	章名	节名
卷四	养蚕	养蚕:论蚕性、收种、浴连收贮蚕连附 蚕事预备:收干桑叶、制豆粉米粉、收牛粪、收蘑草、收蒿梢、修治苫荐、治蚕具 蚕粮附 修治蚕室等法:蚕室、火仓、安槌 变色、生蚁、下蚁等法:变色、生蚁、下蚁 凉暖、饲养、分抬等法:凉暖总论、饲养总论、分抬总论、初饲蚁、擘黑、头眠抬饲、停眠抬饲、大眠抬饲 养四眠蚕 蚕事杂录:植蚕之利、晚蚕之害、十体、三光、八宜、三稀、五广、杂忌 簇蚕、缫丝等法:簇蚕、择茧、缫丝、蒸馏茧法 夏秋蚕法
卷五	瓜菜	
卷六	竹木	
卷七	孳畜	

该书分绪论、总论、分论,体系清楚,架构合理。既有对前人书籍的摘录,也有自身知识、经验的总结,代表了元代的蚕桑科技发展水平。从中我们还可以看出,该书内容包括了从栽桑、养蚕到缫丝的整个环节,具有比较强的理论指导意义和实践操作性,可以说是一本全面的、实用性强的指导蚕桑生产的技术书籍。

《农桑辑要》一书共六万五千余字,卷三、卷四共两万一千余字,占全书近三分之一。该书中蚕桑所占比例超过以前农书,反映了农桑并重的特点。

《农桑辑要》在栽桑、养蚕方面的突出成就表现在以下几个方面:

第一,栽桑技术:通过嫁接、压条等办法,解决种性偏异的矛盾;树型(地桑、树桑)养成的突出成就;强调及时剪伐与桑园管理;繁殖技术的发展,种子繁殖有绳苗法,嫁接法有插接、劈接、厣接和搭接等。

第二,养蚕技术:选留良种,从选卵、选茧到选蛾;用所谓"天浴"进行浴种;已经明确总结出一套规律,作为催青标准;给叶强调良桑饱食,多顿薄饲,终龄的几天内尤其要保证充分饱食;护理与清洁卫生方面也进行了详细阐述;该书对养蚕全过程总结出"十体(寒、热、饥、饱、稀、密、眠、起、紧、慢)""三光(白光向食、青光厚饲皮皱为饥、黄光以渐住食)""八宜(方眠时,宜暗;眠起以后,宜明;蚕小并向眠,宜暖、宜暗;蚕大并起时,宜明、宜凉。向食,宜有风,宜加叶紧饲;新起时,怕风,宜薄叶慢饲)""三稀(下蚁、上簿、入簇)""五广(一人、二桑、三屋、四箔、五簇)"等,至今仍有重要的实际意义。

3.《农桑辑要》的推广情况

重农政令只有配以具体的农桑技术指导,才能取得更好的实效。有元一代,《农桑辑要》一书出版、年代及印数入下表所示:

表6-2 《农桑辑要》在元代刊散概况[1]

版次	印制年份	颁行年份	部数	印颁频率
初版	1286—1314以前		8500	平均每五年1400多部
再版第一次印刷	1314	1316	1500	
再版第二次印刷	1322		1500	距上次6年,1500部
再版第三次印刷	1329	1332	3000	距上次10年,3000部
再版第四次印刷	1339	1342		距上次十年,再印颁

并且,在每次印刷出版之前,一般都有皇帝的诏书,如下:

> 元仁宗延祐二年八月壬寅,诏江浙行省印《农桑辑要》万部,颁降有司遵守劝课。[2]

> 文宗天历二年二月戊戌,颁行《农桑辑要》及《栽桑图》。[3]

如此,中央政府的文件(诏书)政策制度与具体的蚕桑技术书籍相结合,二者相互补充,形成了一种独特模式,对蚕桑科技的传承起到了重要的作用,对后世的农业推广也具有很强的借鉴和参考价值。

---

① 该表内容引用自缪启愉.《农桑辑要》的作者版本和它的咨文[J]//元刻农桑辑要校释[M].北京:农业出版社,1988:547.

② [明]宋濂,等.元史·卷二十五·本纪第二十五·仁宗二[M].北京:中华书局,2008:571.

③ [明]宋濂,等.元史·卷三十三·本纪第三十三·文宗二[M].北京:中华书局,2008:730.

（三）具体政策

上文所述劝课农桑的政策，更多是宏观的制度层面的内容，在实际劝课过程中往往根据实际情况，还会制定专门的、有针对性的具体政策。元代的《社规条十五款》就是其中的代表。

1.《社规条十五款》个案分析

元"太祖起朔方，其俗不待蚕而衣，不待耕而食，初无所事焉。世祖即位之初，首诏天下，国以民为本，民以衣食为本，衣食以农桑为本"[①]，《社规条十五款》是在此背景之下，先是颁农桑之制十四条，后又由"大司农卿张文谦奏上立社规条十五款，至元二十三年，命颁于各路，依例施行"，用来制约、引导全国蚕桑生产的一个规程。该条款颁行于全国各路，故具有很好的代表性。

据《新元史·食货志》记载，其具体条文如下：

> 至于劝农立社，尤一代农政之善者。先是，大司农卿张文谦奏上立社规条十五款。至元二十三年，命颁于各路，依例施行。今撮其大概载之：
>
> 一、诸县所属村疃，五十家为一社，择高年晓农事者立为社长。增至百家，别设社长一员。不及五十家者，与近村合为一社。社远人稀，不能相合，各自为社者听，社长专以教劝农桑为务，本处官司不得将社长差占，别管余事。
>
> 一、社长宜奖勤罚惰，催其趁时耕作。仍于田塍树牌代，书某社某人地段，社长以时点视。
>
> 一、每丁岁植桑、枣二十株，或附宅地植桑二十株。其地不宜桑枣者，听植榆、柳等，其数亦如之。种杂果者，每丁限十株。仍多种苜蓿，备凶年。
>
> 一、河渠之利委本处正官一员，偕知水利人员，以时浚治。如别无违碍，许民量力自行开引地高水。不能上者，命造水车。贫不能造者，

[①] ［明］宋濂，等. 元史·志第四十二·食货志一［M］. 北京：中华书局，2008：2354.

官给车材。

一、近水村疃,应凿池养鱼并鹅鸭之数,及种莳莲藕、芡菱、蒲苇等,以助衣食。

一、社内有疾病凶丧之家,不能耕种者,众为合力助之。

一、社内灾病多者,两社助之。其养蚕者亦如之。耕牛死,令均钱补买,或两和租赁。

一、荒田,除军营报定及公田外,其余投下、探马赤官之自行占冒,从官司勘当。得实先给贫民耕种,此及余户。

一、每社立义仓,社长主之。丰年验各家口数,每口留粟一斗,无粟者抵斗存留杂色物料,以备凶荒。

一、本社有孝弟力田者,从社长、保甲、本处官司量加优恤。若所保不实,亦行责罚。

一、有游手好闲及不遵父兄教令者,社长藉记姓名。俟提点官到日,实问情实,书其罪于粉壁。犹不改,罚充本社夫役。

一、每社立学校一,择通晓经书者为学师,农隙使子弟入学。如学文有成者,申覆官司照验。

一、每年十月,委州县正官一员,巡视本管境内有蝗虫遗子之处,设法除之,务期禁绝。其规画详密如此,近古所未有也。[1]

从以上条款,可以得出以下几点结论:

第一,"社"是一种基层农业生产组织,社长则是基层劝农官员,具有监督、督导职责。从中央政府官员到各级地方政府官员,再到社长,形成了一个层次分明、责任明确、立体的劝农组织体系,并且该条规第一条即明确指出"社长专以教劝农桑为务,本处官司不得将社长差占别管余事",从组织、制度上保障了劝课者得以专务此业。

第二,该条文规定每人每年栽桑数量,规定了相关副业生产,详细规划水利建设。人均栽桑种树数量的明确规定,副业生产的规定保障了生活生产所需,

---

[1]［民国］柯劭忞. 新元史·志第三十六·食货二[M]. 长春:吉林人民出版社,1995:1589-1590.

水利规划又从另外一个层面保障了生产的发展。

第三,该条文明确提出了基层合作以及社区建设。"社内有疾病凶丧之家不能耕种者,众为合力助之""社内灾病多者,两社助之。其养蚕者亦如之。耕牛死,令均钱补买,或两和租赁""每社立义仓,社长主之"等,至今仍具有积极的借鉴和参考价值。

第四,该条文的主要目的在于发展农桑生产,足衣食,备凶年。其核心的思想便是,"国以民为本,民以衣食为本,衣食以农桑为本……俾民崇本抑末。"[①]

第五,该条文在保障俾民崇本抑末之外,还提到了社学建设。当衣食无忧,进而便施以教化,"仓廪实而知礼节,衣食足而知荣辱",通过教育教化,最终实现天下大治。

2.中央政府劝课农桑科技传承模式

通过对颁发诏令、刊散蚕桑科技图书、制定农桑发展具体政策等三种主要劝农形式进行研究,我们可以总结出中央政府劝课农桑科技传承模式如下。

表6-3　中央政府劝课农桑传承模式

维度	内容	备注
施教者	中央政府相关人员	主要是皇帝及农业官员
受教者	地方政府相关人员、农民	
传承内容	栽桑、养蚕、缫丝等技术,相关制度、法律条款等	
传承方式	蚕桑科技图、书,政府文件等	
传承目的	足衣食,备凶荒	

二、地方政府劝农

中央政府劝农与地方政府劝农具有相同的目的,但二者在传承内容、传承方式等方面有所不同,前者主要是宏观的规划和指导,后者则更多涉及如何指

---

① [明]宋濂,等.元史·志第四十二·食货志一[M].北京:中华书局,2008:2354.

导具体蚕桑生产实践,在这个意义上而言二者是互补的。

地方政府劝课农桑的资料可以说汗牛充栋,但有详细资料可查、能够勾勒出劝课农桑全貌的莫过于既有史实记载、又有相关蚕桑专业技术书籍佐证的文献。本节接下来从劝课农桑的发起人(组织者)、劝课地点、劝课时间、劝课者职务、传世的书籍名称、书籍内容等方面对相关搜集到的资料进行整理,力图通过这些资料,钩稽出地方政府劝课农桑过程中的蚕桑科技传承模式。

从附录一中可知:

第一,地方政府劝课农桑的组织者包括从巡抚、布政使到太守、知府、知县、教谕等各级官员,但是以知府、知县等基层官吏为主。并且,知县、知府等地方政府官吏,不但是劝课活动的组织者,同时也往往是具体的执行者。

各级地方政府官员,包括从巡抚到县令虽然都是劝课活动的组织者和实施者,但是相比较而言,各地巡抚、布政使多做的是组织、协调、政策制定等工作,基层官员则多是具体劝课活动的一线执行者。如乾隆八年(1743年)十一月,四川按察史姜顺龙上奏"东省(山东,笔者注)有蚕两种:食椿叶者名春蚕,食柞叶者名山蚕……大邑县知县曾取东省茧数万,散给民间,教以喂养,两年以来,已有成效。仰请饬下东省抚臣将前项椿蚕、山蚕二种,作何喂养之法,详细移咨各省。如各省见有椿树、青杠树,即可如法喂养,以收蚕利"。乾隆皇帝批复"可寄信客尔吉善,令其酌量素产椿、青等树省份,将喂养椿蚕、山蚕之法,移咨该省督抚,听其依法喂养"。[①]于是,山东巡抚客尔吉善撰成《养山蚕成法》一书(这是我国现存最早的柞蚕专著)。此案例中,四川按察使主要做的是上传下达、协调工作,而大邑县知县则是主要的执行者。

从表中已有资料还可以看出,由知府、知县等基层官员发起劝课活动的数量占明显优势,他们或从当地自然条件的实际出发,或依据自己以前生活背景,从外地购买蚕种、桑秧,延请蚕师、工匠、机匠等技术师傅传授技术,甚至亲自进行种桑养蚕试验,携妻儿为民众传授技术。如:乾隆年间,四川罗江县知县沈潜,在当地劝课蚕桑,推广其家乡浙江嘉兴一代技术,著有《蚕桑说》一书。其中

---

① 陈振汉.清实录经济史资料(顺治—嘉庆朝)·农业编·第二分册[M].北京:北京大学出版社,1989:443.

就提到"潜系浙人,生长于蚕桑最佳之处,知之甚悉,因将树桑育蚕之法,备述于后,若能依法为之,百无一失也"。[①]道光年间,安徽建平梅渚巡检邹祖堂在当地劝课蚕桑(著有《蚕桑事宜》),派员前往浙江湖州"拣买桑秧,付诸民间",由妻子推广饲蚕、缫丝等技术。[②]光绪年间,江国璋在四川宜宾劝课蚕桑,赴遵义雇蚕师购蚕种;江毓昌在江西瑞州劝课蚕桑,购湖桑、雇湖匠蚕师教习传授技术等等。从范围上讲,地方官员劝课的地域相对有限,故而也容易组织、容易协调实施。此外,相比较而言,他们接近民众,更能了解人民生活疾苦,故而更能从实际出发,解决现实问题。

第二,劝课农桑传承方式主要通过刊散蚕桑技术书籍,延聘蚕师、工匠、机匠等技术人员两条渠道进行,而后再逐渐传播辐射到更多的人群。比较上述两种传承渠道而言,前一种的优点是内容全面,传承可以跨越时空,缺点是不能够及时地进行反馈交流;后一种的优点是可以针对具体问题、某一环节当场进行演示,可以及时沟通,解决问题,缺点是传承内容相对局部,受到时空限制,传播范围相对有限。其实,因为二者具有很好的互补性,所以在实际的劝课过程中,通常是将二者结合,这样才能使技术传承得到最好的实施。如:清韩梦周任安徽省来安县知县,到任后,见境内多柞树,都砍作柴薪,甚觉可惜,便劝民饲养柞蚕。一面差人去山东聘请蚕师,一面根据《养山蚕成法》改写成《养蚕成法》技术指导书,散发给农民阅读。该书序言《劝论养蚕文》中指出:"今本县又作得《养蚕成法》一本,散给尔等学习。其中养蚕织绸栽树之法,无一不备。尔等有簸箩树、椿树的,便学养蚕;无树的,先学种树。本县一面差人往山东去请蚕师来教你们。期之五六年后,遍山皆树,满树皆蚕。昔为荒废无用之地,今日都成产金之场。岂不是地方上第一件好事?"[③]

第三,刊散的各类蚕桑书籍内容一般包括栽桑、养蚕、缫丝、织绸以及养蚕器具等。如上文中提到的《养蚕成法》一书,即分为春季养山蚕法、秋季养山蚕法、山蚕避忌、养椿蚕法、茧绸始末、养蚕器具等部分,最后还附有种簸箩、椿树法。

① [清]沈潜.蚕桑说[M]//华德公.中国蚕桑书录.北京:农业出版社,1990:37.

② 华德公.中国蚕桑书录[M].北京:农业出版社,1990:56.

③ [清]韩梦周.柞蚕三书·养蚕成法[M].杨洪江,华德公校注.北京:农业出版社,1983:3.

第四,刊散图书有不少是根据前人书籍并结合本地自然情况改编而来,抑或是作者自己的经验总结。如咸丰年间,山东沂水知县吴树声在该地推广蚕桑,著成《沂水桑麻话》一书,其中提到"沂多山,山必有场种柞树以养山蚕""不惟柞树山蚕可以益蚕事……又可保护山脉,不致冲淤田地"[①],颇有地方特色;同治年间,湖北蒲圻知县宗星藩将浙江农人做法与本地相结合,著成《蚕桑说略》[②];而吴烜的《蚕桑捷效》、黄寿昌的《蚕桑须知》,则是根据生产经验,从实践中总结而来。

第五,清末劝课蚕桑的著作中开始介绍西方近代科技,甚至提出"欲采西法之长,以补中法之短"。如光绪二十九年(1903年),杭州蚕学馆出纳李向庭在借鉴西方蚕业科技的基础上编撰《蚕桑述要》一书,介绍了当时催青和养蚕时的温度标准以及显微镜的用法;这一时期,赵敬如的《蚕桑说》、林志洵的《蚕桑浅要》、陈祖善的《中西蚕桑略述》都属于此类作品;而安徽劝业道编著的《烘山蚕种日记簿》、张培的《劝业道委员调查奉省柞蚕报告书》则或直接用西方科学技术进行实验研究,或用西方调查研究方法进行调查。

第六,清末各省逐渐出现了专业的劝课农桑机构——劝业道。在此过程中,传统的劝课农桑也逐渐具有了现代农业技术推广的特点。如前文所述,吉林、安徽、辽宁、贵州等地劝业道的著作、成果可以从一个侧面证明他们兼具劝课、研究、推广数种功能;对于后者,在江西主办蚕务的陈祖善明确提出蚕桑宗旨:"务在推广,务在劝导"。这样,在清末各地讲求实业的进程中,与传统农业社会相适应的劝课农桑也逐渐被现代意义上的农业技术推广所代替。

第七,劝课农桑的目的逐渐由"足衣食""救荒""治贫""裕仓储""劝积贮"等,逐渐向"获利"转变。传统农业社会劝课农桑的出发点主要是"农事伤则饥之本也,女红害则寒之原也""劝耕桑,以足衣食",主要是重农贵粟,裕仓储,劝积贮,防患于未然。随着社会的发展,其目的也逐渐发生了变化,如光绪后期在山东做官的曹倜认为,植桑养蚕是"救荒之善策,治贫之良方",指出"种桑育蚕

① [清]吴树声.沂水桑麻话[M].//华德公.中国蚕桑书录.北京:农业出版社,1990:57-58.
② 华德公.中国蚕桑书录[M].北京:农业出版社,1990:59.

之家获利甚巨""况自通商以后,丝价桑叶之昂,尤为历来所未有",所以极力劝课。如果说曹氏的观点尚有传统的影子,张培的《劝业道委员调查奉省柞蚕报告书》对辽宁各地蚕场处所、产茧数量、茧质、商户、运输、实销、织绸业等情况详细研究,在研究基础上获取经济利益无疑成为其最重要的目标。

《河南蚕桑织务纪要》个案分析

清光绪三年(1877年),山西、陕西、河南等地大旱,史载"是岁,山、陕大旱,人相食。"①大旱之年,朝廷采取了一系列赈灾及补救措施:

> 九月己未,申禁山西种罂粟,改植桑、棉。辛酉,拨山东冬漕各八万石续赈山西、河南灾。丁卯,命李鹤年往河南查赈。戊辰,减缓山西、河南应协西征军饷。庚辰,加赈祥符等县灾民口粮。②

大灾之后,百业凋敝,各地政府也积极采取各种措施进行灾后重建、恢复生产生活。"今皇上御极之三年,豫晋大饥,朝廷颁粟给襦,赈抚既定。诏直省讲求修养之政。"③在这样的背景下,河南省巡抚涂朗轩号召全省发展蚕桑,为民谋生。《河南蚕桑织务纪要》便是这一时期,该省各级政府劝课农桑的一系列公文集,为我们保留了当年发展蚕桑的各种措施、规章制度、发展成效的方面内容,勾勒出地方政府劝课农桑的立体图景,从中我们可以钩稽出地方政府劝课农桑过程中蚕桑技术传承模式。

本节接下来将在整理该书内容,分析内容的基础上,对蚕桑科技传承模式进行探讨。

---

① 赵尔巽,等.清史稿·德宗本纪一[M].北京:中华书局,1977:861.
② 赵尔巽,等.清史稿·德宗本纪一[M].北京:中华书局,1977:860.
③ [清]陈宝箴.河南蚕桑织务纪要·河南蚕桑织务纪要序[M].光绪七年刻本.

（一）《河南蚕桑织务纪要》目录

表6-4　《河南蚕桑织务纪要》目录

序列	文章名	作者	职务/身份	页码
一	河南蚕桑织务纪要序	陈宝箴	知府	p1~p6
二	蚕桑织务纪要序	魏纶先	候补道	p7~p10
三	蚕桑织务局园舍告成记	黄振河	不详	p11~p14
四	李少荃爵相答魏温云书	李鸿章	爵相	p15~p16
五	阎丹初侍郎致豫东屏书（一）	阎丹初	侍郎	p17~p18
六	阎丹初侍郎致豫东屏书（二）	阎丹初	侍郎	p19~p20
七	成子中答山西藩台松峻峰书	成子中	不详	p21~p24
八	奏创兴蚕桑织务折	涂朗轩	巡抚	p25~p32
九	劝种桑养蚕示	司道		p33~p36
十	重劝添种湖桑事	司道		p37~p42
十一	详遵抚部院涂捐经费扎文	抚部院		p43~p44
十二	详现任司道捐经费文	司道		p45~p48
十三	候补道魏纶先续捐湖桑十万株禀	魏纶先	候补道	p49~p58
十四	转详归德府李廷箫报捐湖桑禀批文	李廷箫	知府	p59~p70
十五	代理祥符县饶拜扬开局禀	饶拜扬	知县	p71~p80
十六	详祥符县监生万联道等请领湖桑禀批文	万联道等	监生	p81~p84
十七	详请沿河栽种树株文	蚕桑织务局		p85~p88

注：其中页码为笔者整理时所加。

由上表可知：此次河南省劝课蚕桑主要是由省政府牵头，具体由相关主管司道（包括蚕桑织务局）和各府州县执行。劝课过程中，各级政府就相关情况进行交流、反馈。材料中不仅有河南省上报中央的奏折及中央政府的反馈，也包括大量省内各级政府间的交往公文及反馈。全国多个省份同时进行相关劝课活动，所以表中不仅有河南省内的公文，还有河南省与其他省份间信件往来。

材料中还包括了农户与政府间的交流反馈,具体见《详祥符县监生万联道等请领湖桑禀批文》。劝课过程中,设备建设、经费来源、制度建设受到重视,这也反映了劝课者力图长期推广、与民谋利的初衷。

(二)《河南蚕桑织务纪要》内容

在对全书进行整理的基础上,本部分将从劝课蚕桑的背景、指导思想、具体措施、劝课结果、省际交流等方面进行归纳。

1.劝课背景

清光绪三年(1877年)开始的山西、陕西、河南等地大旱,其受灾面积之广、过程之长、结果之惨痛,至今仍保存在很多人的记忆之中。该书中也一再指出"况值大祲之后,年谷虽见顺成,生计仍属萧索"(涂朗轩《奏创兴蚕桑织务折》),"时方大祲,及修人事,感召天和,而否泰之机得于是乎转。夫即弭患于已然,即思防患于未然。重农贵粟,裕仓储,劝积贮"(黄振河《蚕桑织务局园舍告成记》),"天下大利,首在农桑",要行"通省普行之利"(涂朗轩《奏创兴蚕桑织务折》),所以进行此次劝课蚕桑。这是此次地方政府劝课的具体背景。

2.指导思想

在全书第一篇序言中,义宁陈宝箴即指出:"自前明中叶以来,海外泰西诸国,以巧雄天下,务为冥搜苦索,穷极万物之变,审其窍会,以为之机括,钩距而捭阖之。其为用至捷,而成效甚巨,斯亦奇矣。然而究其成功,幸皆以一器而擅千百器之用,以一日而竟千百日之功,遂至以一人一家,夺千百人千百家之利而专之。此有所赢,则彼有所绌,其势不能以大同持久而不敝,巧极变穷,而无所为施,则竟为奇淫纤靡无用之物,以眩骇耳目,罔利于他国。虽足以耀荡于一时,而事久相习,为利日微,其穷可立而待也。"与西方相比,中国则是"圣人之治天下,荡平简易,以通天绝地之神智,创而为愚夫愚妇之所能为,耕以为食,蚕以为衣,行之万事而无弊……其事则妇人女子尽得为之,其利则匹夫小家皆能有之。"同时指出,"机杼之用,实泰西机器之所自昉,而山龙藻火,以为黼黻文章,以辨等威,而彰轨物,使尊卑有序,贵贱有章,精粗本末,粲然大备,用致文物冠裳之盛治……东周以降,古制渐湮,故孟子言王政,以树蓄为王道之始……"泰西则"其俗以商为国,而贵粟重农,克敦本计,盖以信赏必罚,所为必要其成,富强之原,或亦以此"①。此外,李鸿章也指出:"今日救时之要,非富末由致强,非讲求农工商务末由致富,如西洋虽以商立国,然农以栽种,工以组织,商贾方有来源。"②从中我们可以看到,相关作者认识到了西方科技"为用至捷,而成效甚巨"的一面,同时也指出其"此有所赢,则彼有所绌……以眩骇耳目,罔利于他国""其穷可立而待也",这些可以说是当时士人对西方科技、经济、社会认识的一个缩影。强调小农生产,强调从蚕桑生产到文化、政治等内部体制联系等,反映了社会转型之际作者的坚守和思索、视角和理念,这也从一个方面印证了此类蚕桑推广的劝课性质。不同作者都提到农桑在富国强民过程中的地位,这可以说是其劝课的主要目的,同时也给我们呈现了当时士人在解决其所面临困境的努力。

3.具体措施

此次劝课蚕桑活动,省一级的组织者、执行者分别如下表所示。

表6-5 《河南蚕桑织务纪要》一书中反映的劝课人员的职责

姓名	职务	负责
涂朗轩	河南巡抚	区划沟洫
豫东屏	廉访	肇兴蚕桑
成子中	观察	嘉谟协谐,赀用具集
魏温云	观察	董司厥事,购致湖桑,授之程式,责其成功,导之饲蚕缫茧之方,募航湖织工,教民子弟
任乐如	观察	具体执行
麟子瑞	观察	具体执行

上表所列仅是省一级的组织者和执行者,此外,还有各厅、州、府、道、县的

① [清]陈宝箴.河南蚕桑织务纪要·河南蚕桑织务纪要序[M].光绪七年刻本.
② [清]李鸿章.河南蚕桑织务纪要·李少荃爵相答魏温云书[M].光绪七年刻本.

相关负责人以及广大农户的积极参与。

在此次劝课过程中,购买桑秧、器具、延聘工匠、机匠、刊散书籍等情形如下表所示。

表6-6 《河南蚕桑织务纪要》一书中反映的具体劝课措施

技术	桑秧	蚕种	器具	工匠	书籍
土桑未经接过,本根一气,其叶薄小,故耐荒芜,湖桑系用荆桑之本,接以鲁桑之枝,全籍培养,方有成效。 初栽时用粪土覆根筑实,干则浇灌清粪水,成活即无须浇水矣,每于冬月压粪一次,春分压粪一次,有草常除,发芽时只留两正芽,以作刈势,余均抹去,庶不分气,四年即成十六拳,余无他事等。	庚辰秋购湖桑二十三万株;辛巳冬再购三十余万株、土桑三万余株	蚕种三百六十余张	辛巳春置立机局;各种器具多件	工匠二十四名	《蚕桑辑要》自东省携来;"博采东南各省种桑养蚕各成书,择其精要,辑为一编,绘图列说,至纤至悉。""刊刻《蚕桑辑要》等书颁发各府厅州县仿行外合及出示晓谕。"

除此之外,推广者还制定了详细的条款章程,以代理祥符县饶拜扬拟定条款章程为例:

兹将设局、种桑、教蚕、稽查、杜弊等事,酌拟条款章程:

一、绅委宜洁己奉公也。各绅董食毛践土,具有天良,此系为民兴利之举,断难筹集薪水。即奉准委员帮办,亦须自备资斧,统俟事有成效,分别勤惰,由县详请奖励,以筹其劳;

一、流弊不可不防也。此举原为利民起见,略一误会,便多扰民之端。各社绅耆,悉皆老成公正,仰体时艰,决不致有藉端科派之事。第恐日久弊生,或各社之差保,从中需索,或绅董之亲族,暗中影射。若不预为之防,转于大局有碍,应即责成各绅,各自纠察,如有前项情弊,务须破除情面,密禀究办。倘扶同徇隐,别经发觉,同干未便,庶杜渐防微,以免民间藉口;

一、湖桑不妨分社领种也。此次总局采买湖桑，由数千里跋涉而来，实非容易，现饬开具领种名册，照发桑秧，但须地土腴润处所栽种。成活之后，利悉归民，莳种之时，仍须官为督查，议定每月朔望，各社绅耆来县清理车马局务时，就便至袁公祠，与城内绅士，将各社承种桑秧，枯菀情形，申说一番，即于册内登记，勤者不妨酌量添种，惰者随时裁汰，原领桑株，另易他人承管，庶不致任意弃掷，日久废弛；

一、橡槲须各社合伙领种也。查喂养山蚕，向系聚集一处，半由人力，半赖天工。近省一带，向不知务山蚕，不过藉此以广其传。盖蚕生时，放之树上，听蚕自择嫩叶而食，譬如此树之叶食尽，即须将蚕挪至彼树，更番伺查，稍一受饿，贻害匪轻。是以植橡槲者，必须依山傍堤，或空旷庙宇，排列而栽，相去不宜过远，以便随时移蚕就叶，倘相隔稍远，蚕难就食。必得每社约集数人合伙，即领归一处栽种，齐心协力，同为经理，庶乎其可，领种时亦须早筹及之，未便孟浪从事；

一、土桑尤宜配搭栽种也。查湖桑必须三年后始能长成，方可接压，若非先蓄土桑，使之接压有资，纵有湖桑，焉能蕃茂？现奉饬查，应将各社原有土桑若干株，先行查明报县，以凭转禀，并劝各社就近各自添种土桑，以为未雨绸缪之计；

一、教师学业两宜认真也。现奉总局委赴南省雇觅桑蚕工匠，来春到汴后，由县拟各雇一名，赴乡教导，但教者务须尽法传授，学者亦必悉心效法，不得虚应故事，有名无实。其教师工食按月由官给发，不准取民分文，违者惩治。似此官为出资，劝民学习，民间尽可选择灵巧子弟，将教师延之公所，随时指授，子弟回家，并可转相告语，俾家中眷属，一体领略，学成之后，受用无尽。如有绅富有志于此，不妨另延到家，传授其法，俾得渐推渐广，其无力延请者，即于总局百塔庄桑园种桑、接树、养蚕、缫丝时，各率子弟，前来学习，事更易行，均听民自便。（光绪六年十一月初四日）[①]

---

① [清]饶拜扬.河南蚕桑织务纪要·代理祥符县饶拜扬开局禀[M].光绪七年刻本.

　　由材料可知,饶拜扬从杜绝流弊、种桑养蚕技术以及技术传授等方面拟定了详细章程。作者强调此举是为了利民,所以采取措施尽量避免扰民。章程详细说明了如何领取、栽种湖桑、利用土桑,如何放养山蚕,筹划详尽,对民众具有很强的指导价值。其赴南省雇觅桑蚕工匠后,总体传播思路是"由县拟各雇一名,赴乡教导""将教师延之公所,随时指授",而后"子弟回家,并可转相告语,俾家中眷属,一体领略",由此可以最大限度保障蚕桑知识的传播。此外,除了由官府顾觅匠人,饶氏还鼓励民间绅富另延蚕桑技术人员到家,传授其法。以上各种举措详尽、灵活,且具有可操作性,可以说是地方政府劝课蚕桑章程的代表。

4.实施结果

　　经过长期准备和劝课推广,活动取得了良好的成果。"不及二年,桑荫蔽陇,与吴越之产无少异,而越绫江锦,华藻相宣,见者不知其非南来之物也。"[1]除此具体的物质上的收获之外,还使"河山生色,衣帛养老,王道化行。而且以之课女工,而使豫民知勤俭,以之联梓谊,而使豫民知敬恭。治丝治茧之中,寓教孝教忠之意"[2]"副圣主敦俗裕民之美意"[3]。这也再次证明此时的蚕桑推广还属于劝课农桑的性质,还是属于农业社会里"农事伤则饥之本也,女红害则寒之原也""以耕桑为立国之本""以农桑为王政之本"等语境中的政府行为。

5.省际交流

　　此次河南省在劝课蚕桑过程中和其他省份进行了大量的经验和技术交流。此书编写的目的便是"延录其始事本末,见诸文牍者,都为一编,以自考镜,且为凡有事于蚕桑者导焉"[4]"邻省官绅有寻访成规者,俾观者知其梗概"[5]。

　　在省际间的相互交流中,有信息、经验交流,如:"现解州马玉山刺史,教种

①[清]陈宝箴.河南蚕桑织务纪要·河南蚕桑织务纪要序[M].光绪七年刻本.
②[清]黄振河.河南蚕桑织务纪要·蚕桑织务局园舍告成记[M].光绪七年刻本.
③[清]涂朗轩.河南蚕桑织务纪要·奏创兴蚕桑织务折[M].光绪七年刻本.
④[清]陈宝箴.河南蚕桑织务纪要·河南蚕桑织务纪要序[M].光绪七年刻本.
⑤[清]魏纶先.河南蚕桑织务纪要·蚕桑织务纪要序[M].光绪七年刻本.

桑条,渐有可观"①"臣左宗棠,前在甘境办理,既著成效"②"当向尊处仿效一切"③。同时也有具体的技术、制度交流,如"承询办理蚕桑局章程""尊处如拟办理,春分已过,购种湖桑,已觉不及,眼前惟有饬属,于四月土桑葚子熟时,广为收买,如法栽种,秋末冬初,委员前赴嘉兴、石门,购办桑秧,以四尺、五尺者为佳,来春必能一律办就。一二年后,湖桑长成,即以土葚各桑,随时压条接枝……其余章程,悉详辑要一书,附陈十部,并器具各件。"④省际间的经验交流和借鉴,可以使劝课活动更加有效推进,从而实现劝课者的初衷。

6.地方政府劝农模式

由以上内容,我们可以总结地方政府劝课农桑传承模式如下表。

表6-7 地方政府劝课农桑传承模式

	内容	备注
施教者	地方政府相关官吏;机匠、工匠等技师	
受教者	蚕农、桑农、幼徒	
传承内容	种桑、养蚕、缫丝、纺织等技术	包括从种桑、养蚕到纺织全过程
传承方式	书籍;现场推广	具体:"由一会城推之十百郡县,由十百郡县推之于千万村间"②;"拟教习幼徒以翻新样,而广流传也。……倘于三年之中,教成本地幼徒数十名,辗转传授,即成恒艺,则此日之幼徒,皆为他日之浙匠。"③
传承目的	利民,重农贵粟,裕仓储,劝积贮;防患未然	

三、劝课农桑传承模式

综合以上讨论,可以梳理出蚕桑科技劝课农桑传承模式如下:

① [清]阎丹初.河南蚕桑织务纪要·阎丹初侍郎致豫东屏书[M].光绪七年刻本.
② [清]涂朗轩.河南蚕桑织务纪要·奏创兴蚕桑织务折[M].光绪七年刻本.
③ [清]阎丹初.河南蚕桑织务纪要·阎丹初侍郎致豫东屏书[M].光绪七年刻本.
④ [清]成子中.河南蚕桑织务纪要·成子中答示山西藩台松峻峰书[M].光绪七年刻本.
② [清]黄振河.河南蚕桑织务纪要·蚕桑织务局园舍告成记[M].光绪七年刻本.
③ [清]魏纶先.河南蚕桑织务纪要·候补道魏纶先续捐湖桑十万株禀[M].光绪七年刻本.

表6-8　蚕桑科技劝课农桑传承模式

维度	内容	备注
施教者	各级政府中的相关官吏;机匠、工匠等蚕桑技术人员	
受教者	蚕农	
传承内容	种桑、养蚕、缫丝、纺织等技术	包括从种桑、养蚕到纺织全过程
传承方式	现场推广;蚕桑科技图、书	通过延聘匠人现场传授,再由受教者进一步推广,使相关知识最大限度辐射开来。如"由一会城推之十百郡县,由十百郡县推之于千万村间"[1]"拟教习幼徒以翻新样,而广流传也。……倘于三年之中,教成本地幼徒数十名,辗转传授,即成恒艺,则此日之幼徒,皆为他日之浙匠。"[2]
传承目的	重农贵粟,裕仓储,劝积贮;备凶荒,防患未然	

四、劝课农桑传承模式的特点

根据以上讨论可以总结出劝课农桑传承模式特点如下。

第一,由政府主导发起,统筹规划、协调组织、制定政策、具体执行。由官方主持操作是劝课农桑科技传承模式主要特点之一,通过利用政府行政力量从全局宏观调控,统筹规划,从局部研究对策,探索执行,具有很强的可操作性。当然,各级政府在蚕桑科技传承中的地位和作用并不相同,一般说来,中央政府主要是宏观调控,组织协调,刊散权威的蚕桑科技图、书,制定基本的章程条款,保障劝课活动顺利进行,保障蚕桑知识顺利传承。而地方政府则从各地实际出发,从更微观的层面去主导,去执行。正是因为相对局部,所以能够刊散更加适合当地的蚕桑技术图、书,能够延聘蚕师、机匠,进行现场教学,继而,"由一会城推之十百郡县,由十百郡县推之于千万村间",从而使"此日之幼徒,皆为他日之浙匠"。所以地方政府在蚕桑科技传承中,起到更加直接更加有效的作用。当

---

① [清]黄振河.河南蚕桑织务纪要·蚕桑织务局园舍告成记[M].光绪七年刻本.
② [清]魏纶先.河南蚕桑织务纪要·候补道魏纶先续捐湖桑十万株禀[M].光绪七年刻本.

然,中央政府和地方政府在蚕桑科技传承中的作用是相辅相成、相互补充、缺一不可。

第二,形成了一套相对科学、合理的规范保障制度体系。最初的劝课活动更多的具有一种示范的意义,而且这种示范性的活动基本贯穿了整个农业社会时代。从"皇帝垂裳而天下治,元妃西陵氏教民养蚕",到历代皇帝亲农,皇后亲蚕,都属于这类性质。随着人们栽桑、养蚕、缲丝、纺织等方面的经验的不断积累,以及社会发展对丝织品需求的加大,蚕桑生产更需要有一定的规范和保障,于是在这个过程中逐渐形成了一套规范、保障蚕桑生产的制度体系,并在实践中不断地发展完善。前文提到的《社规条十五款》《代理祥符县饶拜扬开局禀》都属于这类性质。这类规章制度在规范蚕桑生产的同时,也从一个侧面保障了蚕桑科技传承的顺利进行。

第三,劝课农桑传承模式中的传承方式主要有刊散蚕桑科技图、书,延聘蚕师、工匠、机匠等技术人员进行现场教学等两种。前一种的优点是内容全面,传承可以跨越时空,缺点是不能够及时地进行交流、反馈;后一种的优点是针对具体问题、某一环节当场演示,可以及时沟通,解决问题,缺点是传承内容相对局部,受到时空限制,传播范围相对有限。二者相辅相成,相互补充。这里需要提到的是,地方政府劝课农桑活动中更多将这二者结合,而中央政府劝课活动更多的是刊散图、书,同时从制度层面进行保障。

第四,传承内容主要涉及栽桑、养蚕、缲丝、纺织等,主要属于经验农学范畴。如前《农桑辑要》《养蚕成法》等书目录所示,一般用于劝课的蚕桑书籍基本都包含了栽桑、养蚕、缲丝、纺织等方面的内容。这些内容多是蚕桑生产实践过程中的经验总结,清末的劝课活动中开始出现了介绍西方蚕桑科技或中西蚕桑科技结合的著作(见附录一),传承内容开始涉及近代实验农学范畴,但是其传播范围及影响相对有限。

第五,劝课农桑蚕桑科技传承目的主要在于发展生产,做到"足衣食""裕仓储""救荒""治贫"等,在此基础上,通过礼乐教化,最终实现农桑立国。

第二节　陈宏谋在陕劝课农桑案例①

唐宋以来,陕西蚕桑业逐渐衰落,以至于人们认为关中地区"地不宜蚕"②,甚至出现"秦中无衣"③的局面。乾隆年间,陈宏谋先后四次抚陕,在杨屾等人的协助下④,通过各种举措大力推广蚕桑,使得关中地区的蚕桑业曾一度出现蓬勃发展的趋势。

有关陈宏谋的研究主要集中在其理学思想、为官、教化等方面⑤,而对陈氏推广农桑的研究相对较少。有学者研究陈宏谋任云南布政使期间的农业举措⑥,探讨陈氏的水利实践及成就⑦、荒政思想及实践⑧,其中,前期的相关劝农举措为陈宏谋在陕推广蚕桑积累了丰富的经验。杨屾、陈宏谋在陕西推广蚕桑的实践活动也受到关注,有学者认为康、乾年间,包括陈宏谋在内的地方官员,为

① 本节曾以《陈宏谋与陕西蚕政研究——兼论其与杨屾的交往》为题发表于《中国农史》2019年第4期。
② [清]陈宏谋.培远堂偶存稿·兴除事宜示·卷二十七[M].清刻本;[清]杨屾.豳风广义·敬陈蚕桑实效广开财源以佐积储裕国辅治以厚民生事[M]//范楚玉辑.中国科学技术典籍通汇·农学卷·第4册.郑州:河南教育出版社,1994:301.
③ 帅念祖在《豳风广义·序》中指出在陕"数年中,察民间盖藏,千不得一二,而至于蠔筐蚕绩毫无有焉"。[清]帅念祖.豳风广义·序[M]//范楚玉辑.中国科学技术典籍通汇·农学卷·第4册.郑州:河南教育出版社,1994:205;[清]杨屾.豳风广义[M]//范楚玉辑.中国科学技术典籍通汇·农学卷·第4册.郑州:河南教育出版社,1994:210.
④ [清]王权.乾隆兴平县志·士女续志·文学传·卷二[M].光绪二年刻本;李富强.18世纪关中地区农桑知识形成与传播研究——以杨屾师徒为中心[J].自然科学史研究.2017(1).
⑤ 刘亮红.陈宏谋研究综述[J].文史博览(理论).2008(10);熊帝兵,朱玉菠.陈宏谋研究综述补[J].宜春学院学报.2017(2);郭漫.陈宏谋研究史述评[J].玉林师范学院学报(哲学社会科学).2017(6).
⑥ 熊帝兵.试析陈宏谋任云南布政使期间的农业举措[J].淮北师范大学学报(哲学社会科学版).2013(2).
⑦ 张芳.清代热心水利的陈宏谋[J].中国科技史料.1993(3).
⑧ 董强.陈宏谋荒政思想与实践研究[D].苏州大学硕士学位论文.2009(4).

振兴陕西蚕桑业献智献力,收效甚大①,对此也有不同的观点②。有学者相对系统地研究了陈宏谋推广农业技术的过程和效果,并讨论了作为陈宏谋"私人顾问"以及"养蚕运动首要负责人"的杨屾的观点及实践③。纵观已有研究可以发现,陈宏谋在陕蚕桑实践的背景、过程、具体举措、实施效果等还需进一步的研究,陈宏谋与杨屾的交往尚有需要澄清之处。

本节在整理《培远堂偶存稿》《先文恭公年谱》《知本提纲》《豳风广义》以及相关地方志资料的基础上,探讨陈宏谋在陕推广蚕桑实践的具体背景、过程、效果,讨论杨屾参与陈氏蚕桑推广实践的时间、过程等,并在此基础上根据相关文献进一步讨论陈宏谋与杨屾的交往。

一、陈宏谋抚陕前的陕西蚕桑业

陕西曾是我国重要的蚕桑产区,但因多种原因,唐宋以来蚕桑业整体式微。

龙凤十一年(1365年),朱元璋下令:"凡农民田五亩至十亩者,栽桑、麻、木棉各半亩,十亩以上者倍之,其田多者率以是为差,有司亲临督劝,惰不如令者有罚。不种桑使出绢一匹,不种麻及木棉使出麻布、棉布各一匹。"④洪武元年(1368年)以后,该法令在全国实行,在此背景下,明初陕西蚕桑业也一度发展,但不久再次衰落,故杨屾指出"昔洪武以此政教成,七十年之后,树老,渐砍去不即补,其政遂息。"⑤清初,陕西局部地区蚕桑业有一定发展。康熙二十五年(1686年),滕天绶任汉中知府⑥,在任时积极推广蚕桑,并亲撰《劝民栽桑示并歌》⑦。这一时期,滕天绶及洋县县令邹溶的蚕桑推广活动取得了积极的效果。"康熙三十二年(1693年),汉中府郡守滕天绶、洋县令邹溶,两年间,栽桑一

---

① 周云菴.陕西古代蚕桑业发展概说[J].中国农史.1989(3).

② 陈浮.复兴豳原遗风,发展关中蚕桑[J].农业考古.1983(2).

③ [美]罗威廉.救世:陈宏谋与十八世纪中国的精英意识[M].陈乃宣,等译.北京:中国人民大学出版社.2016:311-321.

④ 明实录·太祖实录·卷十七.

⑤ [清]杨屾.豳风广义·敬陈蚕桑实效广开财源以佐积储裕国辅治以厚民生事[M]//范楚玉辑.中国科学技术典籍通汇·农学卷·第4册.郑州:河南教育出版社,1994:301.

⑥ [民国]薛祥绶.西乡县志·文章志·卷二十[M].民国三十七年刻本.

⑦ [清]滕天绶.劝民栽桑示并歌[C]//[清]严如熤重辑.汉南续修郡志·艺文下·卷二十七.民国十三年刻本.

万二千二百余株。……汉南九署,蚕桑大举,独洋县最盛"①。约略同一时期,宁强州牧刘荣,"从山东雇人来宁,放养山蚕,织成茧绸,甚为匀细,到处流行,名为刘公绸"②。上述蚕桑推广实践取得了较长远的效果。陈宏谋曾称"从前只有城固、洋县养蚕卖丝,华州制缣"③。道光十二年(1832年)修订的《续修宁强州志》中仍然记载"至今居民多赖其利"④。雍正年间,眉县、宝鸡一带的蚕桑也取得了一定的发展,《武功县后志》记载"然业此(蚕桑—笔者注)者,国初犹偶一见之,近眉县、宝鸡亦渐业之"⑤。

此外,陕西兴平监生杨屾,鉴于当地百姓"丰凶俱困,衣食两艰",认为根本原因在于"秦中无衣",因此在前期充分准备基础上,自雍正七年开始养蚕实践,经过十余年探索,最终形成《豳风广义》一书。书成后,乾隆六年(1741年)十月,杨屾曾上书当时陕西布政使帅念祖,建议推广蚕桑⑥。帅念祖"见其纲举目张、事详法备",所以"颁其书于各邑"⑦,该书于乾隆七年(1742年)刊印,其中有帅念祖的序文。西安知府白嵘(乾隆七年到乾隆十年在任)⑧、凤翔通判张文秸(乾隆六年始任⑨,《晋江县志》提到"丁艰起补凤翔府通判,度地垦荒,广植桑种,得桑五十万株,分俾诸民,编蚕政,给丝车,教民浴茧缫丝"⑩)可能此时已经分别在西安、凤翔开始推广。杨屾的蚕桑知识和技术一方面在兴平及周边地区得到传播,另一方面借助于布政使帅念祖的力量在全省范围得到一定的传播。

由以上资料可知,明洪武之后,到乾隆初年陈宏谋抚陕之前:第一,陕西蚕

① [清]杨屾.豳风广义[M]//范楚玉辑.中国科学技术典籍通汇·农学卷·第4册.郑州:河南教育出版社,1994:301.
② [清]陈宏谋.培远堂偶存稿·续行山蚕檄·卷三十九.清刻本:11-12;赵尔巽,等.清史稿·列传二百六十三[M].中华书局.2014:12995;[清]张廷槐.续修宁强州志·卷二[M].道光十二年重刻.
③ [清]陈宏谋.培远堂偶存稿·兴除事宜示·卷二十七[M].清刻本.
④ [清]张廷槐.续修宁强州志·卷二[M].道光十二年重刻.
⑤ [清]沈华 崔昭,等纂.武功县后志·物产·卷二[M].清雍正十二年刻本.
⑥ [清]杨屾.豳风广义.敬陈蚕桑实效广开财源以佐积储裕国辅治以厚民生事[M]//范楚玉辑.中国科学技术典籍通汇·农学卷·第4册.郑州:河南教育出版社,1994:301.
⑦ [清]帅念祖.豳风广义·序[M]//范楚玉辑.中国科学技术典籍通汇·农学卷·第4册.郑州:河南教育出版社,1994:205.
⑧ [清]舒其绅,等修.严长明纂.西安府志·职官志·卷二十六[M].清乾隆四十四年刻本.
⑨ [清]达灵阿修,周方炯,等纂.凤翔府志·职官·卷五[M].道光元年刻本.
⑩ [清]方鼎 修 朱升元 纂.晋江县志·人物志·卷十一[M].清乾隆三十年刻本.

桑业主要在陕南局部地方有一定的发展,但整体式微。前述宁强放养山蚕,到了乾隆初年"放养不多,获利甚少,未能推广"[①],也说明其发展规模相对有限。第二,全省范围而言,政府很少有进行有计划、有组织的劝课活动。从现有资料来看,帅念祖的推广可能更多限于"颁其书于各邑",或者在其结束在陕任期时,劝课实践尚处在起步阶段。因此,从全省范围来看,才有陈宏谋不断提到"陕省蚕桑日久废弃"[②]"陕省蚕政久废"[③]的现象。第三,已有的局部的蚕桑生产,杨屾的蚕桑实践,以及帅念祖的推广行动,为陈宏谋推广蚕桑提供了一定的基础条件。

二、陈宏谋在陕的蚕桑推广实践

据《清实录》及《先文恭公年谱》记载,陈宏谋分别于乾隆九年(1744年)二月到乾隆十一(1746年)十一月、乾隆十三年(1748年)正月到乾隆十六年(1751年)八月,乾隆十九年(1754年)七月到乾隆二十年(1755年)三月,乾隆二十一年(1756年)十二月到乾隆二十二(1757年)六月先后四次抚陕,十三年中在陕时间近八年。[④]

(一)推广过程

陈宏谋四次抚陕期间,连续宣传劝导蚕桑,不断建立、完善各项制度。在此,我们可以通过其在任时所发文檄还原蚕政推广过程。

在充分先期调研的基础上,陈宏谋从乾隆十年开始,颁布了《查养蚕桑檄》《饬谕麟游县不必强种青杠加意植桑檄》《给匾奖励养蚕监生杨屾檄》《设立蚕局收买桑苗檄》《通查放养山蚕檄》《饬行白河县放养山蚕檄》等系列文檄,正式开始在陕推广蚕桑。此次推广,陈宏谋积极宣传提倡,设立蚕

图6-3 《培远堂偶存稿》中《给匾奖励养蚕监生杨屾檄》

---

① [清]陈宏谋.培远堂偶存稿·通查放养山蚕檄·卷二十四[M].清刻本.
② [清]陈宏谋.培远堂偶存稿·劝种桑树檄·卷三十[M].清刻本.
③ [清]陈宏谋.培远堂偶存稿·倡种桑树檄·卷三十九[M].清刻本.
④ [清]陈钟珂.先文恭公年谱·卷五-卷九[M].清刻本.

局,将杨屾树立为典型以期起到示范引导作用,聘请山东、河南匠人来陕传播山蚕放养技术。这一阶段,蚕局所织产品已经开始进贡朝廷。

第二次抚陕期间,陈宏谋于乾隆十六年(1751年)颁布《劝种桑树檄》,并延聘江浙、山东、河南等地匠人传播相关技术,完善推广制度,持续推广。

第三次抚陕期间,陈宏谋于乾隆二十年(1755年)颁布《申行蚕织檄》,除了进一步宣传推广,还重点协调、解决技术人员、资金、管理等方面的问题。此时,陕西所织绸缣已经连年进贡朝廷。

第四次抚陕期间,陈宏谋于乾隆二十二年(1757年)颁布《筹拨蚕馆工本檄》《倡种桑树檄》《续行山蚕檄》《上用绸缣宜委专员檄》,进一步劝导农民种桑养蚕,协调蚕局经费、技术传播等。

当然,上述文檄都以蚕桑推广相关事宜命名,此外尚有其他文檄与蚕桑推广密切相关。

有清一代,政府高层官员调动相对频繁,因此,某一人的为政举措较难得到持续推行,而陈宏谋在十三年间先后四次抚陕,且每次抚陕时都加意蚕桑,其政策具有前后一贯性、可持续性,也正是因为其连续一贯的劝导,所以保障了其蚕政的效果。但随着乾隆二十二年(1757年)陈宏谋最后一次调离陕西,全省范围内有计划推广蚕桑活动也告一段落,同样也出现了人去政息的现象。

(二)推广措施

陈宏谋在陕推广蚕桑的具体措施主要有:调查蚕桑业发展现状,整体规划协调,因利善导,设立蚕局示范养蚕,建立推广及评价制度等。

1.调查蚕桑业发展现状

作为具有经世思想的“技术性官僚”,在推广蚕桑之前,陈宏谋进行了充分调查,因此能因地制宜地提出蚕桑推广策略。

陈宏谋注意通过公文对各属地方是否适宜推广蚕桑进行调查。乾隆九年(1744年)三月,在《咨询地方利弊谕》中就专门提到“曾试种桑养蚕否?能织

绸纱否？"[1]该年六月又"通行各属查明宜于蚕桑地方"[2]，乾隆十年（1745年）正月
颁布的《查养蚕桑檄》中有"案查凤翔府通判张文秸条禀种桑养蚕事宜"[3]，另外，"据麟游县验称，遍询乡民，境内并无野桑"[4]"金锁关以北冷不宜蚕"[5]。通过公文往来，调查得知全省适合蚕桑的地区分布。同时，通过调查也了解到各属已有饲养情况，从而制定对应的推广策略。如"城固、洋县蚕利甚广，华阴、华州织卖缣子，宁强则采取槲叶喂养山蚕，织成茧绸……凤翔府通判张文秸所种桑树最多，兴平监生杨屾种桑养蚕远近效法亦众"。也正是在此调查基础上，陈宏谋得出"足知陕西未尝不可养蚕""陕省蚕桑之事正宜加意兴起"[6]等结论。

图6-4 《培远堂偶存稿》中《查养蚕桑檄》

通过行政手段进行调查，了解了蚕桑实践现状，政策得以制定，蚕桑业得以推广。

2.整体规划协调

陈宏谋对蚕桑推广实践进行了整体规划，提出了具体的操作方案，因此更具有可行性、操作性。在乾隆十年（1745年）正月颁布的《查养蚕桑檄》中提到"从前种植之桑成否若干？今年如何补种？民间有无自能养蚕之家？民间旧有桑树，地方官如何收买桑叶，在署养蚕？民能种桑，如何鼓舞？有能教人种桑养蚕之绅士如兴平监生杨屾其人者，如何奖励？盗斫桑树者曾否惩戒？或地方目下并无桑叶可以收买养蚕，官须如何种桑？或已种某处实不能成，各须实在办

---

① [清]陈宏谋.培远堂偶存稿·咨询地方利弊谕·卷十七[M].清刻本.
② [清]陈宏谋.培远堂偶存稿·查养蚕桑檄·卷十九[M].清刻本.
③ [清]陈宏谋.培远堂偶存稿·查养蚕桑檄·卷十九[M].清刻本.
④ [清]陈宏谋.培远堂偶存稿·饬谕麟游县不必强种青杠加意植桑檄·卷二十[M].清刻本.
⑤ [清]陈宏谋.培远堂偶存稿·倡种桑树檄·卷三十九[M].清刻本.
⑥ [清]陈宏谋.培远堂偶存稿·巡历乡屯兴除事宜檄·卷十九[M].清刻本.

理一番"。①推广伊始,提出具体的方案,随着推广的深入,相关规划也在不断完善。

推广过程中,政府对出现的相关问题进行统一协调。例如,放养山蚕过程中,陈宏谋一方面颁发乾隆九年(1744年)经乾隆皇帝过问而颁发的《放养山蚕椿蚕成法》,一方面延聘山东、河南以及本地蚕桑技术人员进行技术传播。乾隆十一年(1746年),针对山蚕技术人员只有魏振东一人,数量不足的情况,"臬司于山东雇觅善养山蚕,能织山茧之人携带蚕种、蚕具来陕,分散各属教人放蚕,并令眉县多留蚕种以备分发。"②由政府统一协调、分配,极大提升了技术传播的效率。

3.因利善导

政府进行适当引导,通过使蚕农在养蚕过程中可以层层获利来激发其积极性,是陈宏谋一直坚持的理念之一。在劝导过程中,陈宏谋强调"因利善导,从容转移,不可绳以官法,强行滋扰"③。因此,他一再提出由官府自行或雇人种桑养蚕,以为民劝;为民众免费提供桑秧,任其领取、栽种;从宽收买民间桑叶、蚕茧、蚕丝,使其获利;为民众提供技术指导供其学习等。在此基础上,强调官府要督率"种桑、买桑、买茧、养蚕相辅而行"④。此外,因利善导还体现在"官种之桑,不可交民看守、派民灌溉,即劝民种桑亦不可强派,既种之后,成者予以奖励,不成者不得究问,使民间自己图种桑之利,而无种桑之累"⑤。对于放养山蚕,"如系官山,官为培护,禁止砍伐,仍许附近山民合伙学习放养"⑥。在上述措施下,因为蚕农能层层获利,且无政府强行滋扰,所以养蚕者渐多,蚕政得以顺利推广。

---

① [清]陈宏谋.培远堂偶存稿·查养蚕桑檄·卷十九[M].清刻本.
② [清]陈宏谋.培远堂偶存稿·通查放养山蚕檄·卷二十四[M].清刻本.
③ [清]陈宏谋.培远堂偶存稿·设立蚕局收买桑茧檄·卷二十三[M].清刻本.
④ [清]陈宏谋.培远堂偶存稿·给匾奖励养蚕监生杨岫檄·卷二十一[M].清刻本.
⑤ [清]陈宏谋.培远堂偶存稿·饬谕麟游县不必强种青杠加意植桑檄·卷二十[M].清刻本.
⑥ [清]陈宏谋.培远堂偶存稿·通查放养山蚕檄·卷二十四[M].清刻本.

4.设立蚕局

随着种桑养蚕活动开展,提供技术指导,收购桑叶、茧丝,进行纺织,管理引导等便成为迫切需要解决的问题,为此,陈宏谋在省城西安、凤翔、三原等地设立蚕局。在西安、凤翔等地设立蚕局应和西安知府白崶、凤翔通判张文秸积极推广并取得成效有关。

乾隆十一年(1746年)正月,陈宏谋颁布《设立蚕局收买桑茧檄》,其中有"上年,经本都院先后批行各属,倡率试行……省城经升任白守设立蚕局,委兴平县监生杨屾在内养蚕"[①]。由此可知省城蚕局应该设立于此前。省城蚕局设立的直接目的是"务使城乡男妇种桑、养蚕、缫丝均可随时卖钱""不致无利中止"[②],亦即欲通过解决蚕桑销售问题促进蚕桑业的发展。

省城蚕局的功能主要有:第一,示范劝导。通过蚕局示范作用,引导更多民众自发种桑、养蚕、缫丝、织绸。第二,传播蚕桑知识。具体内容详见下文。第三,收买桑叶、蚕茧、生丝。民众种桑养蚕最终目的是为了获利,只有解决其产品销路问题,才能更好地推广蚕桑。也正是蚕局具有上述功能,所以陈氏设想"俟数年之后,民间皆能养蚕,皆能缫丝,无卖桑卖茧之人,则蚕馆可以停止"[③]。

为了更好地实现上述功能,陈宏谋采取了如下的措施:第一,开辟专门地方作为蚕局办公场所。推广初期以都司旧衙门暂作蚕局,乾隆二十年(1755年),因原来"蚕局、钱局同归官管,民人赴局学习者少",所以于省城西门外另设蚕馆。第二,解决蚕局经费问题。"非动支公项,不敷随时收买",因此,"于本都院三月养廉内动银三百两"[④],从而从资金方面保障蚕局能够正常运转。乾隆二十二年(1757年),针对蚕馆经费不足等问题,陈宏谋又一方面从司库公项银等处筹措经费,一方面将每年进贡朝廷的贡缣、秦绸交给蚕馆织办[⑤]。第三,委任专门技术和管理人员。蚕局技术一直主要由杨屾师徒负责,杨屾一方面负责种

① [清]陈宏谋.培远堂偶存稿·设立蚕局收买桑茧檄·卷二十三[M].清刻本.
② [清]陈宏谋.培远堂偶存稿·设立蚕局收买桑茧檄·卷二十三[M].清刻本.
③ [清]陈宏谋.培远堂偶存稿·上用紬倩宜委专员檄·卷三十九[M].清刻本.
④ [清]陈宏谋.培远堂偶存稿·设立蚕局收买桑茧檄·卷二十三[M].清刻本.
⑤ [清]陈宏谋.培远堂偶存稿·筹拨蚕馆工本檄·卷三十九[M].清刻本.

桑、养蚕、缫丝等专门技术,另外,还负责收买桑叶、蚕茧、生丝以及产品销售等方面的经费运作;为了保障蚕局正常运作,陈宏谋委任伊宝树在局督理,其职责是督率、监查。到乾隆二十年,西安蚕局依然由杨岫经理,凤翔府蚕局则由杨岫学生郑世铎经理("兴平县监生杨岫、咸宁举人郑世铎,有志兴举蚕桑,平昔劝人蚕织,效法者众,今即令其在局经理"①),上述蚕局分别由西安府、凤翔府相关官员监查。政府每年给杨岫薪水八十两、郑世铎薪水六十两,此外,还分别给银四十两、二十两作为赴局学习民人的口食。

蚕局作为示范养蚕、传播技术主要场所,对陈宏谋推广实践起到了重要的推动作用。

5.建立推广评价制度

在陈宏谋的推广过程中,宁强州侯牧、宁强州严牧、眉县知县纪虚中、蓝田令蒋文祚、商南令李嗣洙、同官令曹世鉴、兴安州刘李二牧、咸宁令柳大任等一大批地方官吏参与其中、实力劝导。

为了保障推广效果,陈宏谋提出了一系列推广评价制度,具体有:第一,各级官吏制定详细推广政策。具体包括如何保障桑树成活率,如何购买民间桑叶、蚕茧、蚕丝,以及具体奖惩措施等。第二,坚持官府劝导。在此过程中,"地方官身先做则"②,实心经理,期于因利善导,切勿烦扰累民。第三,巡历劝导。巡历的一项重要目的就是劝谕民间种植、保护桑树。除了各地方官巡历,陈宏谋自身也在巡历的过程中尤其注意桑蚕。第四,对倡导官员进行评价与奖惩。为了防止地方官虚与委蛇,没有切实办理的情况,陈宏谋提到"不可绳以官法,强行滋扰,不可徒事文告,空言粉饰"③,"别经查出,定行严参,府州不实心督率亦有未便"④。

---

① [清]陈宏谋.培远堂偶存稿·申行蚕织檄·卷三十五[M].清刻本.

② [清]陈宏谋.培远堂偶存稿·查养蚕桑檄·卷十九[M].清刻本.

③ [清]陈宏谋.培远堂偶存稿·设立蚕局收买桑茧檄·卷二十三[M].清刻本.

④ [清]陈宏谋.培远堂偶存稿·查养蚕桑檄·卷十九[M].清刻本.

（三）技术传播

欲发展蚕桑业,需要具体的种桑、养蚕、缫丝、染织等相关知识和技术,而技术推广和传播的效果在一定程度上直接影响着蚕政的实际效果。已有资料表明,陈宏谋通过刊印、颁发蚕桑书籍、告示,引进江浙等蚕桑发达地区的技术人员,发展本土蚕桑技术人员等不同途径积极传播蚕桑技术。

1.刊印、颁发蚕桑书籍及文告

刊印、颁发农桑书籍一直是陈宏谋传播农桑技术的重要手段。陈宏谋对成书于乾隆七年(1742年)的《授时通考》颇有研究,早在江西任职时,就上书提倡"自司道以及府厅州县,均宜恭捧一册(《授时通考》——笔者注),以资考求。"[1]在得到乾隆皇帝首肯后,陈氏令南昌府学教授李安民负责具体重刊、传播工作。[2]在陕西,陈氏又亲自摘录、改编其中关于甘薯的部分并刊刻、颁发。[3]

抚陕期间,陈宏谋多次颁发蚕桑书籍以传播种桑、养蚕、缫丝、纺织等技术。"乾隆九年(1744年)三月,奉旨饬行山东,将山东《养蚕成法》(即上文《放养山蚕椿蚕成法》——笔者注)纂刊送陕,本部院初莅陕省,既已发司刊刻,分发通省,仿效学习"[4]。此外,所发的相关文檄中还多次提到"如从前所发之山东《养蚕成法》,日久无存,即赴藩司请刷分散"[5]。刊印相关蚕桑书籍,利用行政的手段进行散发、传播,并且在传播的过程中随时可以再次到藩司印刷,最大限度保障了传播渠道的流畅。这种方式传播技术具有较好的效果。陈宏谋指出"年来,眉县、岐山、开阳,皆能放养山蚕,皆知拈丝织绸,所处茧绸渐多,民间已受其利。"[6]

---

① [清]陈宏谋.授时通考·奏为刊布钦定书籍以广圣化事[M]//范楚玉辑.中国科学技术典籍通汇·农学卷·第4册.郑州:河南教育出版社,1994:5-6.
② [清]陈宏谋.培远堂偶存稿·刊刻《授时通考》檄·卷十五[M].清刻本:7;[清]陈钟珂.先文恭公年谱.卷四[M].清刻本.
③ [清]陈宏谋.培远堂偶存稿·劝种甘薯檄·卷二十[M].清刻本.
④ [清]陈宏谋.培远堂偶存稿·续行山蚕檄·卷三十九[M].清刻本:10;[清]陈宏谋.培远堂偶存稿·兴除事宜示·卷二十七[M].清刻本.
⑤ [清]陈宏谋.培远堂偶存稿·续行山蚕檄·卷三十九[M].清刻本:12;[清]陈宏谋.培远堂偶存稿·通查放养山蚕檄·卷二十四[M].清刻本.
⑥ [清]陈宏谋.培远堂偶存稿·兴除事宜示·卷二十七[M].清刻本.

除了刊印书籍传播蚕桑技术,陈宏谋还在多份檄文中介绍相关技术、罗列相关信息。例如在《通查放养山蚕檄》提到"继闻各处山中最多槲树、橡树、青杠树、红白柞树,可以放养山蚕,椿树可以放养椿蚕,随于《兴除告示》内刊发晓谕官民,凡有槲、橡等树,令其如法放养。"[①]在该文檄中,陈宏谋还具体罗列了槲树、橡树、青杠树、柞树、椿树等具体信息,以方便各级官吏进行调查、识别。

上述书籍和告示传播对象主要是各级主管官吏或者具有一定文化素养的人员,而蚕桑实践的真正从业者往往不能直接阅读相关内容,因此引进技术人员直接教授会具有更好的传播效果。

2. 引进技术人员

从现有资料来看,陈宏谋多次招募江浙等地蚕织工匠来陕进行教习,此外,还雇请山东、河南等地匠人教习山蚕放养、纺织技术。

乾隆十三年(1748年)九月颁布的《兴除事宜檄》中提到"现在招募南方匠人到陕,有能织斗文绸、土绸、秦纱、线缎、织绸日多"[②];乾隆二十年(1755年)颁布的《申行蚕织檄》中提到"又于南方招募织匠,在局织绸织缣,无非令人学习"[③];乾隆二十二年(1757年)六月"现据两县禀称,往南招募匠人,织绸织纱"[④]。由此可知:第一,陈宏谋在推行蚕桑过程中多次招募南方匠人,时间基本跨越了其蚕政始末。第二,从南方招募匠人教习的应主要是先进的织染技术。《清史稿》记载"在陕西,慕江浙善育蚕者导民蚕,久之利渐著"[⑤],但从陕西本土已有的种桑、养蚕、缫丝、织染等技术情况,以及上述资料来看,织染可能是陕西当时最需要的技术。第三,相关工匠应是在杨屾及蚕局相关人员管理下进行工作。"其募匠织染以及应用色样,均由局员办理,呈送选用仍令二县协帮催办"[⑥],从中也可以看出蚕局局员以及相关政府人员在招募匠人、内容决策以及呈送选用等方面所

① [清]陈宏谋. 培远堂偶存稿·通查放养山蚕檄·卷二十四[M]. 清刻本.
② [清]陈宏谋. 培远堂偶存稿·兴除事宜示·卷二十七[M]. 清刻本;[清]陈宏谋. 培远堂偶存稿·劝种桑树檄·卷三十[M]. 清刻本.
③ [清]陈宏谋. 培远堂偶存稿·申行蚕织檄·卷三十五[M]. 清刻本.
④ [清]陈宏谋. 培远堂偶存稿·上用细倩宜委专员檄·卷三十九[M]. 清刻本.
⑤ [清]赵尔巽,等. 清史稿·列传九十四·卷三百零七[M]. 中华书局,1977:10561.
⑥ [清]陈宏谋. 培远堂偶存稿·上用细倩宜委专员檄·卷三十九[M]. 清刻本.

起到的作用。

在推广山蚕过程中,陈宏谋及陕西各级地方官吏还多次从山东、河南等地雇觅匠人来陕教习。乾隆十一年(1746年),针对山蚕技术人员只有魏振东一人,数量不足的情况,"臬司于山东雇觅善养山蚕,能织山茧之人携带蚕种、蚕具来陕,分散各属教人放蚕"[①],后期又多次"于山东、河南雇觅善养山蚕之人,来此教习"[②]。在上级部门的统一安排和协调之下,各级官吏也从其他县或者其他省招募蚕师。例如,"同官令曹世鉴从山东觅人来此放蚕。"[③]

3.利用并发展本土技术人员

陈宏谋注意利用、发展本地技术力量。他招募外地匠人、蚕师的目的,主要是令人学习,从而进一步发展本地的技术力量。

陈宏谋推行蚕政期间,除了依靠上述的当地技术力量杨屾师徒之外,还访查到善于放养山蚕的本土人士魏振东,后者在推广山蚕的过程中也起到了重要的作用。乾隆十一年(1746年),"眉县令则觅有学习放养山蚕之人魏振东,该县给以工价,立为蚕长,带领多人立场放养,今年山蚕已得春茧四十余万,合之秋茧可得八九十万,统计可织绸一千余丈"[④]。《续行山蚕檄》中也提到"随有眉县知县纪虚中募得善于养蚕之魏振东在眉放养,已成茧绸,民间有利,渐次效法,已有贩卖眉茧者"。[⑤]以上信息说明:第一,本土技术人员魏振东以蚕长的身份带领多人立场放养山蚕,在此过程中,魏振东作为政府雇佣的技术人员获得政府所给的对应报酬。第二,魏振东带领多人,立场放养,在此过程中逐渐培养起一支技术力量。第三,山蚕放养取得了显著的成效。

本土技术力量的发展是卓有成效的。陈宏谋提到"或与本省之宁强、眉县、商南等处雇人教习"[⑥],这说明到乾隆二十二年(1757年)为止,以宁强、眉县、商

① [清]陈宏谋.培远堂偶存稿·通查放养山蚕檄·卷二十四[M].清刻本.
② [清]陈宏谋.培远堂偶存稿·续行山蚕檄·卷三十九[M].清刻本.
③ [清]陈宏谋.培远堂偶存稿·续行山蚕檄·卷三十九[M].清刻本.
④ [清]陈宏谋.培远堂偶存稿·通查放养山蚕檄·卷二十四[M].清刻本.
⑤ [清]陈宏谋.培远堂偶存稿·续行山蚕檄·卷三十九[M].清刻本.
⑥ [清]陈宏谋.培远堂偶存稿·续行山蚕檄·卷三十九[M].清刻本.

南为代表,已经培养出一大批本地技术人员。本土技术力量的发展与成熟才是蚕政可持续发展的关键核心因素之一。

(四)推广效果及后续劝课

1.推广效果

在陈宏谋及相关人员的持续不断地倡率之下,除了金锁关以北地区因为气候原因不宜饲养外,蚕政在陕西范围内迅速全面展开,取得了明显的效果。

乾隆十一年(1746年),陈宏谋给皇帝进贡当地所织之缣,并在奏折中提到"查西、同、凤、汉、邠、乾等府州皆可养蚕,近令地方官身先倡率,广植桑株,雇人养蚕,并于省城制机,觅匠织缣……民间知种桑、养蚕均可获利,今年务蚕桑者更多于上年。计通省增种桑树,已及数十万株。从此渐加推广,陕省蚕桑之利可以复兴"[1]。两年时间,推广到西、同、凤、汉、邠、乾等府州,增种桑树数十万株,民间已经开始获利,这些都说明推广取得了初步的成效,并且具有进一步复兴的趋势。同一年,"眉县令则觅有学习放养山蚕之人魏振东,该县……今年山蚕已得春茧四十余万,合之秋茧可得八九十万,统计可织绸一千余丈"[2]。这也从一个侧面反映了陈宏谋推广蚕政的效果。

此外,推广效果还体现在民间纺织技术逐渐成熟。这从陈宏谋所遗留的相关文献中可以看出,乾隆十三年(1748年),因为招募南方匠人教习,当地"有能织斗文绸、土绸、秦纱线缎,织绸日多,丝有去路,获利日广"[3]。乾隆十六年(1751年),"近来本地民人学习,皆能织各色绸缎,正须接续劝行,方可推广加多。"[4]乾隆二十二年(1755年),"连年以来官为倡率,民间知所效法,渐次振兴。"[5]随着蚕桑业的发展,民间纺织品种日渐丰富,纺织技术逐渐成熟。乾隆二十年(1755年),陈宏谋提到"所织绸缣渐觉精细,年年进贡,处处通行,若再设

---

① 清实录·高宗纯皇帝实录·卷二百六十五.
② [清]陈宏谋.培远堂偶存稿·通查放养山蚕檄·卷二十四[M].清刻本.
③ [清]陈宏谋.培远堂偶存稿·兴除事宜示·卷二十七[M].清刻本.
④ [清]陈宏谋.培远堂偶存稿·劝种桑树檄·卷三十[M].清刻本.
⑤ [清]陈宏谋.培远堂偶存稿·倡种桑树檄·卷三十九[M].清刻本.

法广行教习,自可渐收成效"①,作为地方土产进贡朝廷,说明其所织丝织物已经达到较高的水平。处处通行则说明其在民间流通之广。

2.后续劝课活动

乾隆二十二年(1757年),陈宏谋离陕之后,由省政府统一规划的劝课蚕桑活动逐渐告一段落,但到清末为止,陕西省范围内仍有不同层面的断续的劝课活动。

乾隆二十七年(1762年),兴平知县许维权推行蚕桑,并取得了较好的效果,"时邑人杨岫力行蚕桑,公本其书,谕导乡民树桑养蚕之政,一时风行。"②嘉庆十三年(1808年),严如熤任汉中知府,加意农桑③。严氏在陕时"敦劝农桑……而持躬廉俭,妻自纺织,素风清节,时尤称焉"。④道光年间,张廷槐任职汉中西乡时,在前任基础上继续劝课⑤。嘉庆十三年(1808年),时任兴安(今陕西安康)知府的叶世倬,以《豳风广义》为蓝本结合其经验改编为《蚕桑须知》一书⑥,以之为载体劝课蚕桑。该书在陕西安康、延川、四川罗江⑦、绵阳⑧等地广为流传。延川官员在劝课过程中又进一步改编叶世倬的《蚕桑须知》,使之更加浅显,更加易于推广("健庵叶中丞辑双山杨氏《豳风广义》订《桑蚕须知》一册,本极详明,而山农尤以文繁,难于卒读,义深不能悉解,因节取而浅说之")⑨。此外,道光间陕西巡抚杨名飏、光绪年间陕西巡抚叶伯英均曾推广蚕桑。杨名飏曾作《劝桑行》⑩,叶伯英曾为《豳风广义》作序并推广⑪,《富平县志》也记载:"光绪十三年,今抚部叶颁发《豳风广义》《农桑辑要》,俾民间得以讲求精善。"⑫

① [清]陈宏谋.培远堂偶存稿·申行蚕织檄·卷三十五[M].清刻本.
② 王廷珪修,张元际等纂.兴平县志·官师·卷四[M].民国十二年.
③ [清]谭瑀修,黎成德等纂.重修略阳县志·卷三[M].清道光二十六年.
④ [清]张廷槐.续修宁强州志·卷二[M].道光十二年重刻.
⑤ [清]张廷槐.续修宁强州志·艺文志·栈道栽桑记·卷五[M].道光十二年重刻.
⑥ [清]叶世倬.续兴安府志·卷七[M].嘉庆十七年刻本.
⑦ [清]叶朝采.续修罗江县志·新撰蚕桑宝要序·卷二十四[M].同治四年刊本.
⑧ [清]叶朝采.直隶绵州志·新撰蚕桑宝要序·卷四十九[M].同治十二年刻本.
⑨ [清]谢长清.重修延川县志·卷一[M].道光十一年刻本.
⑩ [清]杨名飏.劝桑行[M]//马毓华.重修宁强州志·艺文志·卷五.光绪十四年重刻.
⑪ [清]叶伯英.豳风广义·序[M].西安:陕西通志馆印.
⑫ [清]田兆岐.富平县志稿·卷十[M].光绪十七年刊本.

后续的劝课蚕桑活动在某种程度上可以说是陈宏谋大规模劝课活动的延续。以白水县为例,"陕西蚕桑之利,自陈文恭公劝谕后,几经大宪修明其制,迄今蚕桑局每春发蚕子数纸,由州县官散给乡民,可谓慎矣"①。亦即,陈宏谋的劝课制度经过个别继任者的不断完善,到光绪年间,依然在一定程度上发挥作用。

三、思考与讨论

(一)陈宏谋在陕推广蚕桑的动因

陈宏谋在陕推行蚕桑的动因可以从内、外两个方面进行讨论。

从外在角度而言,其动因主要有:第一,解决因生齿日繁而给衣食带来的压力。时人杨屾等不断提到"升平日久,生齿益繁"②,现代统计数据表明,清初全国人口约六七千万,经过数十年休养生息,雍正末人口增至一亿三千万左右,乾隆五十五年(1790年)人口突破了三亿③。面临空前人口压力,首先要解决的就是衣食问题。第二,关中地区缺少衣料的现状。从关中地区的具体情况来看,陈宏谋在调查的基础上,认为陕省"绸帛资于江浙,花布来自楚豫,小民粮食本难,而卖粮食以制衣裳,粮食更觉不足,度日弥艰"④,杨屾、帅念祖等人也持有相似观点,可以说这是当时有识之士的共同的观点,而推行蚕桑是解决该问题的有效方式之一。第三,国家重农,倡率农桑。如后文讨论,国家重农务本,并建立系列制度保障实效,所以劝课农桑成了各地官吏的重要任务之一。

从内在角度而言,陈宏谋是一位具有经世致用思想的"技术性官僚",所谓的"技术性官僚"具备专业知识和专业技术,其专业技术主要表现在"农业、粮食、赈灾、河工、海塘、水利、漕运、采矿、钱法等经济建设领域,针对制度与政策的缺陷采取的一些有创建性的措施"。⑤因此,当他面临实际问题时,便会应用其所具有的相关技术能力,分析解决,以达到其经世致用的目的。从这个角度

① [清]顾骍修,王贤辅,李宗麟,纂.白河县志·杂记·卷十三[M].清光绪十九年.
② [清]杨屾.豳风广义[M]//范楚玉辑.中国科学技术典籍通汇·农学卷·第4册.郑州:河南教育出版社,1994:299.
③ 周源和.清代人口研究[J].中国社会科学,1982(2).
④ [清]陈宏谋.培远堂偶存稿·兴除事宜示·卷二十七[M].清刻本.
⑤ 刘凤云.十八世纪的"技术官僚"[J].清史研究,2010(5).

而言,推行蚕政只是陈宏谋达到其政治理想的手段之一,相关资料表明,陈宏谋在推广蚕桑的同时,也关注陕西木棉发展状况,同时还多次在陕西劝种甘薯等。

(二)立体的劝课农桑网络体系

劝课农桑作为一项基本国策,受到历代政府的重视。有清一代,劝课农桑尤其受到重视,形成了一个由中央政府、地方政府以及民间三个层面组成的立体的蚕政发展网络。陈宏谋在陕推广蚕桑并非局部地方的个案,而是这个立体网络中的重要一环。

国家层面劝课农桑主要举措有:倡率农桑,制定具体的考课制度,编写农学著作等。乾隆皇帝即位后,从重农务本层面大力提倡农桑。乾隆二年(1837年)五月十三日,上谕命重农务本,该份上谕从几个角度对劝课农桑提出要求:第一,思想上重视农桑。主要提到要重农务本、按时劝课。第二,逐层建立推广及考课制度。"朕欲驱天下之民,使皆尽力南亩,而其责则在督抚牧令。必身先化导……督抚以此定牧令之短长,朕即以此课督抚之优劣"。①针对皇帝谕旨中的要求,乾隆二年(1837年)六月二日,九卿商议提出"以劝课为官史之责成"的具体举措:第一,宣传推广。其目的是使民众重视农桑、力行农桑。其具体措施主要是"宣上谕,劝农桑"。第二,传播农桑技术。针对北五省农桑技术相对薄弱,提出"或饬老农之勤敏者、以劝戒之。或延访南人之习农者、以教导之。"此外,还要"于乡民之中择其熟谙农务,素行勤俭,为间阎之所信服者,每一州县量设数人,董率而劝戒之"。②第三,详定考绩之法。各地官员要"务使农桑之业,曲尽地之所宜,逐末之民,咸尽力于南亩",并且,在劝导时要详定考绩之法③。就在同一天,再次颁布上谕命令南书房翰林、武英殿翰林编写农学书籍④,此即后来命名为《授时通考》的农学集大成著作。

国家层面的劝课从思想、技术传播、劝课制度等方面为陈宏谋在陕推广蚕

① 清实录·高宗纯皇帝实录·卷四十二.
② 清实录·高宗纯皇帝实录·卷四十二.
③ 清实录·高宗纯皇帝实录·卷四十四.
④ 清实录·高宗纯皇帝实录·卷四十二.

桑提供了背景和要求,如果说前者更多是政策指导意义上的劝课,那么陕西省的各级官吏则是亲身参与实践劝课。

从陕西地方政府层面而言,如前文所述,陈宏谋带领各地方官吏通过巡历劝导、传播技术、考课评价等措施进行推广。因为是亲身参与,故而其措施更加具体,更具有地方性和可操作性。

在此过程中,民间蚕桑技术力量也发挥了重要作用。陈宏谋在陕西推行蚕政的过程中,还有以杨屾、郑世铎、魏振东等为代表的来自陕西当地的蚕桑倡导者,尤其是杨屾及其弟子郑世铎等,有着十数年亲身蚕桑实践经验,因此其劝导更具说服力和示范性,也具有更好的传播效果。[①]

由此可知,陈宏谋在陕西的蚕桑实践是属于由国家、地方政府、民间三种力量组成的立体的推广网络中的一环,这三者中既有来自政府的"外在"的提倡者,同时也有来自民间的"内在"的提倡者,既有劝导利诱行动,又有考课评价制度,因此其推广行动更具有说服力和执行力,因而能够取得更好的推广效果。

(三)影响陈宏谋蚕政的因素

陈宏谋在陕西推行蚕桑,前后十余年,采取了有效的措施,取得了显著的成效。但是,在推行蚕政的过程中,也存在着诸多不利因素,在一定程度上影响了其实施效果。相关因素主要有思想观念、战争影响、木棉的竞争、蚕桑技术的限制等。

首先,民众认为陕西地不宜蚕,缺乏发展蚕桑的内在动力。由于陕西蚕桑久废,再次发展蚕桑时,民众在思想上有一个重新认识和适应的过程。虽然陈宏谋及相关官吏一再提倡,杨屾等人一再示范,直至乾隆二十二年陈宏谋即将离任之时,地不宜蚕的观念依然根深蒂固。此外,陈宏谋指出"官司虽曾檄行,未免疑畏交集"[②],经过十余年的连续倡率,百姓依然疑畏交集,其原因可能是要面对来自政府推广的压力,也可能是基于经济效益的考量,但这也同时说明,蚕

---

① 李富强.18 世纪关中地区农桑知识形成与传播研究——以杨屾师徒为中心[J].自然科学史研究,2017(1).
② [清]陈宏谋.培远堂偶存稿·筹拨蚕馆工本檄·卷三十九.

桑推广过程中,百姓缺乏内在的动力。这也是由政府倡率的劝课农桑式的蚕桑
推广过程中的最大阻力。

　　第二,战争的影响。陈宏谋在陕西推行蚕政期间,时值征伐大金川、准噶尔
等战役的时段,军队过陕,需要地方协助、调度①,对当地正常生产秩序造成了干
扰,因此,陈氏认为"一时已有兴起之机,只因连年军事旁午,遂尔作辍无定,虽
云蚕政可以渐兴,终不能收蚕政之成效"②。

　　第三,来自木棉的竞争压力。清代中前期,关中植棉业迅速向陕南、陕北普
及,此时的植棉虽未在陕西全面普及③,但在包括陈宏谋④在内的官吏士绅⑤提倡
下,发展迅速,客观上给蚕桑业发展带来竞争压力。

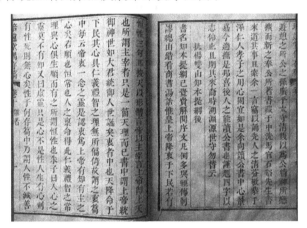

图6-5　《培远堂偶存稿》中《批杨双山知本提纲后》

　　第四,蚕桑技术的限制。杨屾的《豳风广义》一书代表了清代中期关中地区
蚕桑技术的水平,来自江浙、山东、河南的匠人也带来了先进的家蚕、山蚕技术,
但因各种原因,相关技术并未在陕西得到进一步发展,或者其技术在实践推广
层面上依然存在不少问题,致使蚕桑业持续发展受到重要影响。例如,后来实
践中出现的"种桑鲜得法,虫蠹频生,枝拳叶瘠,蚕老善病,丝薄而脆,获利甚微,

①[清]陈宏谋.先文恭公年谱·卷六-卷八[M].清刻本.

②[清]陈宏谋.培远堂偶存稿·筹拨蚕馆工本檄·卷三十九.

③常青.近三百年陕西植棉业述略[J].中国农史.1987(7).

④[清]陈宏谋.培远堂偶存稿·兴除事宜示·卷二十七[M].清刻本.

⑤[清]严如熤.汉南续修郡志·艺文下·劝纺织以兴女红示·卷二十七[M].民国十三年.

业久多卷"等问题,影响了蚕桑业的进一步发展。而西乡川河堡的生员邹协用之所以能取得比常人更好的养蚕效果,是因为其"本诸咸阳杨双山遗书行之十一年,尽得秘要,间出新意以济其穷"①,也恰好说明这一问题。

(四)陈宏谋与杨屾的交往

杨屾的农桑实践和理论在关中地区乃至中国农史上具有重要的地位和价值。陈宏谋在陕西推行蚕政期间,杨屾作为本土的蚕桑技术中坚与蚕局的管理者参与其中。但杨屾在陈宏谋推行蚕政过程中所起到的作用及其与陈宏谋的关系尚有待进一步讨论。

陈宏谋与杨屾交往始于乾隆九年(1744年)陈氏抚陕之后,应该是陈宏谋在调查过程中由兴平县吏进行推荐("查得兴平县监生杨屾倡兴蚕桑之事"②)。陈宏谋对杨屾师徒的养蚕实践给予了极高的评价。陈宏谋、白崶在西安设局养蚕,"杨屾在局经理有方,带领弟子多人,分手襄助养蚕、缫丝,人多效法",经陈宏谋亲自验明后,于乾隆十年(1745年)七月专门颁发《给匾奖励养蚕监生杨屾檄》,"分别奖赏,合行给匾奖励"③,对此,《兴平县志》也记载"桂林陈尚书抚陕时,尝聘至会城,就馆访道,代为纳粟入太学,手题堂额楹联以旌其居"④。而另一方面,杨屾师徒也全程积极参与了陈宏谋的蚕桑推广实践。省会西安的蚕局开设于乾隆十年(1745年)七月以前,此时杨屾已经在局经理,到乾隆二十二年(1757年)正月,陈宏谋在《筹拨蚕馆工本檄》中还提到杨屾及其弟子郑世铎分别经理蚕馆的事情。陈宏谋在乾隆三十四年(1769年)刊印的《训俗遗规补》中还提到"今杨监生衰老,不能专司其事,有孝廉朱石琪,于蚕馆教人缫织……"⑤这一方面说明,此时杨屾只是部分参与蚕馆工作,另一方面也表明,陈氏离陕十余年后杨屾依然在陕推广蚕桑。

陈宏谋与杨屾作为推行蚕政中的坚定合作者,相交颇为默契,但深入分析

---

① [清]顾骙修,王贤辅,李宗麟,纂.白河县志·杂记·卷十三[M].清光绪十九年.
② [清]陈宏谋.培远堂偶存稿·给匾奖励养蚕监生杨屾檄·卷二十一[M].清刻本.
③ [清]陈宏谋.培远堂偶存稿·给匾奖励养蚕监生杨屾檄·卷二十一[M].清刻本.
④ [清]王权.乾隆兴平县志·士女续志·文学传·卷二[M].光绪二年刻本.
⑤ [清]陈宏谋.训俗遗规补[C]//王元綖辑、郑辟疆校.野蚕录.北京:农业出版社,1962:17-18.

可以发现,二者在思想上既有相似之处,也有明显差异。

陈宏谋与杨屾均具有经世致用的实学思想,并积极进行实践。前文已经讨论陈宏谋的实学思想。杨屾在当时国内及关中地区思想影响下,从小"潜心圣学,不应科举,自性命之原,以逮农桑礼乐靡不洞究精微"[1],并最终在农学、思想等领域做出了巨大的贡献。[2]共同的实学思想及实践使得二人在推广蚕政的过程中具有共同的话语,例如,杨屾认为"秦人岁岁衣被冠履皆取给于外省,而卖谷以易之,卖谷之于远方,是谷输于外省矣,丝、帛、木棉、布、葛之属,买之于江、浙、两广、四川、河南,是银又输于外省矣",因此导致"丰凶并困而衣食两艰"[3],陈宏谋认为"陕省为自古蚕桑之地,乃人惑于地不宜蚕之说,遂致日久废弛,绸帛资于江浙,花布来自楚豫,小民粮食本难,而卖粮食以制衣裳,粮食更觉不足,度日弥艰"[4]。对于陕西蚕桑业发展的看法,二者具有极大的相似性,因此成为坚定的合作者(此处,陈宏谋的观点是否受到杨屾观点的启发,因资料缺失,尚不能给出定论)。当然,因为二者的地位、角色的不同,使得二者在推行蚕政的实践过程中所起的作用有所差异。陈宏谋作为一个倡率者,更多的是劝导、组织、管理,以使蚕政取得实效,而在此过程中,作为一个对蚕桑具有深入研究,并且曾经自行进行推广的杨屾更多的起到传播蚕桑技术、管理蚕局、示范引导的作用。

陈宏谋与杨屾的学术理念存在明显差异。杨屾曾经于乾隆七年(1742年)出版其最重要的著作《知本提纲》,可以说这本书集中体现了杨屾的学术思想和理念。陈宏谋在读到该书后认为"书名《知本提纲》已觉费解,阅序文、凡例多与经传刺缪",认为其议论"皆有悖于圣道经传者"。纵观《批杨双山知本提纲后》,陈宏谋认为《知本提纲》与经传不合,其根本原因是"错看《商书·汤诰》'惟皇上帝,降衷于下民,若有恒性'三句耳"。在此三句中,对几个关键词语的理解的不

① [清]王权.乾隆兴平县志·士女续志·文学传·卷二[M].光绪二年刻本.
② 李富强.18世纪关中地区农桑知识形成与传播研究——以杨屾师徒为中心[J].自然科学史研究.2017(1).
③ [清]杨屾.豳风广义·敬陈蚕桑实效广开财源以佐积储裕国辅治以厚民生事[M]//范楚玉辑.中国学技术典籍通汇·农学卷·第4册.郑州:河南教育出版社,1994:210.
④ [清]陈宏谋.培远堂偶存稿·兴除事宜示·卷二十七[M].清刻本.

同造成二者的不同观点。首先，陈宏谋认为"天以形体言，帝以主宰言，上帝即上天也。所谓主宰者只是一个天理而已。"亦即在陈氏的观念中，天是从客观实在层面而言，帝则是天理层面而言。他认为《知本提纲》里"上帝统御神世，如大君统御人世"一句中，上帝是具有人格意义的神，因此语涉荒诞；其次，对于"降衷于下民"中"衷"的理解。陈氏认为"衷者，中也。天降命于下民，其心具仁义礼智之理，无所偏倚，故谓之衷"。杨屾则"认衷为上帝有知有主之心"。再次，对于"若有恒性"的理解。陈氏认为所谓"恒性"是指"人之禀命得此仁义礼智之常理，与心俱生，顺而有之"。而杨氏则"错认恒性为死而不灭之性"。所以，陈宏谋最终认为《知本提纲》一书"一、二卷及三卷上册，竟宜速毁之。自调摄章而下，于理无悖，仅有可取者，农桑最好，酌而存之可也。"①

　　陈宏谋之所以对杨屾的《知本提纲》有如此的评论，与二者的学术视野、思想理念有直接的关系。陈宏谋是忠实的理学信徒，其思想和当时的传统价值观念相吻合，而杨屾虽"少出蓥屋大儒李中孚之门……自性命之源以逮农、桑、礼、乐，靡不洞究精微"②，但其思想在继承传统儒学理念的同时，整合了基督教或者伊斯兰教的相关内容③，这是二者根本区别所在，也是陈宏谋一再提到"有悖于圣道经传者"的原因。但客观而言，杨屾的学术理念及视野更具开放性，也更具学术张力。

　　因此，可以说在陈宏谋推行蚕政的过程中，杨屾以农学家的身份参与其中，借助陈氏的平台实现其推广蚕桑的愿望，二者是坚定而默契的合作者；而另一方面，由于学术背景、学术视野、所处位置等不同，二者在学术思想、学术理念方面则存在明显差异。

① [清]陈宏谋.培远堂偶存稿·杂著·批杨双山知本提纲后·卷十[M].清刻本.
② [清]王权.乾隆兴平县志·士女续志·文学传·卷二[M].光绪二年刻本.
③ 吕妙芬.杨屾〈知本提纲〉研究——十八世纪儒学与外来宗教融合之例[J].中国文哲研究集刊,2012,(40):83-127.

第七章
蚕桑科技作坊及工厂传承研究

　　我国自周朝开始就有专门负责蚕桑生产的机构设置,西汉时期官营机构已经具有很大的规模。明清之际织造局中的产品产量、质量更高,制度也更加完善。

　　随着生产技术和社会经济的不断发展,自养自收、自缫自染、自织自绣、自缝自穿式的自给自足、全环节参与的生产流程开始出现分裂,这种分裂最初是以纺和织的分离开始的,随着生产技术和经济发展需要,生产进一步专业化,生产流程进一步相互分离。在这种背景下,先后出现了如机户、染坊、服装铺等各类生产作坊。

　　我国近现代的缫丝、纺织工厂是在19世纪中叶伴随着外国纺织工业的介入而开始的,并逐渐取代了手工作坊和工场生产,成了我国蚕桑生产的主要形式。

　　与家庭蚕桑生产相比,手工作坊只从事其中部分环节的生产,其生产原料一般是从它处购买,生产目的是为了进行交换。作坊与工场的主要区别则在于生产规模的大小差异。工厂和作坊的区别主要在于生产工具的性质不同、生产规模不同等。

第一节 作坊及工厂式蚕桑生产的发展

在我国蚕桑生产发展历史上,不同阶段的主要生产形式并不相同,家庭蚕桑生产从产生之日到近代社会转型之际一直是主要形式之一,以"机户"为主要代表的家庭手工作坊生产自宋代到近世也一直是蚕桑生产的主要形式之一;19世纪60年代开始,蚕桑业中的工厂生产作为一种新型的生产形式开始陆续出现,并很快取代其他生产形式成为蚕桑生产的最主要的形式。此外,最晚从周朝开始就出现了由国家相关部门进行管理的大型手工作坊(工场)式的蚕桑生产,一直持续到清季。接下来,我们将按照这样的脉络对家庭手工作坊、工场(织造局)、工厂等不同生产形式的发展进行梳理。

一、手工作坊式蚕桑生产的发展

手工作坊式生产开始于宋,盛于明、清,道光之后开始式微,之后其地位逐渐被工厂生产取代。如前所述,蚕桑生产流程首先分裂于缫丝和织绸环节之间,随后,印染也逐渐从其中分裂出来。随着生产分工及专业化,各类手工作坊开始出现并不断发展。

一般认为,我国自宋朝开始出现"机户"。宋人范成大在《石湖诗集·缫丝行》中所述"姑妇相呼有忙事,舍后煮茧门前香。缫事喓喓似风雨,茧厚丝长无断缕。今年那暇织绵着,明日西门卖丝去",本来由姑妇作为主要生产者进行的从种桑、养蚕到缫丝、织绸全环节参与的家庭生产,因为"今年那暇织绵着",故而"明日西门卖丝去"。生丝作为交换物的出现,为专门进行织绸生产的"机户"的出现提供了可能,于是作坊生产便逐渐作为一种主要生产形式开始出现并发展。清乾隆年间,震泽镇"女红不事纺织,日夕治丝"①,依然是这种生产形式的生动描述。

此外,再来看两则资料:

> (景佑)三年七月九日,龙图待制张逸言,昨知梓州本州织机户数千家,因明道二年降敕,每年绫织三分只卖一分,后来消折贫不能活。欲乞于元买数十分中,许买五分。诏两川上供绫、罗、锦背、透背花纱之类,依明道二年十月敕命,三分织造一分余二分,今后只许织造一分,绫罗花纱一分,令织绸绢。(景佑)五年四月九日三司言,西川织买绫纱,三分内减下一分绸绢,乞依旧织买绫纱支用。从之。②

> (崇宁)五年二月二十四日诏,河北京东机户多被知通及以次官员拘占,止给丝,织造匹帛,日有陪费浸渔,可诏监司常切按察,如敢循旧拘占机户织造,诸色人陈首,将所亏过机户工价等钱计脏定罪,行下诸路约束施行。③

从中可以看出,"机户"生产已经逐渐成为相对独立的生产形式,引文中"梓州本州织机户数千家",说明该生产形式已经颇具规模。四川、河北等地均有机户,说明这种生产形势在很多地方同时存在。

此后,这种生产形式得到不断发展,尤其是在明清两代,给生产者带来了可观的经济效益,有力促进了社会的发展。如:

> (盛泽)镇上居民稠广,土俗纯朴,俱以蚕桑为业。男女勤谨,络纬机杼之声,通宵彻夜。那市上两岸绸丝牙行,约有千百余家,远近村坊织成绸匹,俱到此上市。四方商贾来收买的,蜂攒蚁集。④

> 苏州吴江震泽镇:"绫绸之业,宋元以前,惟郡人为之,至明熙宣年间,邑民始渐事机杼,犹往往雇郡人织挽,成弘而后,土人亦有精其业

① [清]倪师孟,等.震泽县志[M].台北:成文出版社,1970:946.
② [清]徐松.宋会要辑稿·第一百五十六册·食货六四[M].北京:中华书局,1957:6111.
③ [清]徐松.宋会要辑稿·第一百六十五册·刑法二[M].北京:中华书局,1957:6518.
④ [明]冯梦龙.醒世恒言·施润泽滩阙遇友[M].北京:中华书局,2009:352.

者,相沿成俗,于是震泽镇及近镇各村居民乃尽逐绫绸之利,有力者雇人织挽,贫者皆自织,而令其童稚挽花,女红不事纺织,日夕治丝,故儿女自十岁以外,皆蚤暮拮据以糊其口,而丝之丰歉、绫绸价之低昂,即小民有岁无岁之分也。"①

与此同时,随着生产分工以及商业发展,出现了染织、刺绣、鞋帽等大量相关作坊,这些相互独立的作坊生产也颇具规模。如:

> 吴中浮食奇民朝不谋夕,得业即生,失业即死。臣所睹记,染坊罢,而染工散者数千人,机房罢,而织工散者又数千人,此皆自食其力之良民也。②

以上所述主要属于家庭手工作坊生产,虽然偶尔也雇佣织匠、染匠,但以家庭成员劳动为主。除此之外,还有一类主要依靠雇工进行生产的手工作坊(或称工场),其规模大小不一。如:

> 汉代的"安世尊为公侯,食邑万户,然身衣弋绨,夫人自纺绩,家童七百人,皆有手技作事,内治产业,累织纤微,是以能殖其货,富于大将军光。"③

> 清代的"江宁机房昔有限制,机户不得逾百张,张纳税当五十金,织造批准注册给文凭,然后敢织。此抑兼并之良法也。国朝康熙间,尚衣监曹公寅,深恤民隐,机户公吁奏免额税。公曰,此事吾能任之,但奏免易,他日思复则难,慎勿悔也。于是得旨永免……自此,有力者畅所欲为。至道光间,遂有开五六百张机者。机愈多而货愈积,积而贱售则亏本,洋货遂得乘其弊,盖予人以暇也。曹公颇虑及此,无如民间不解所谓不知物以希为贵耳。回忆道光年间暇机以三万计,纱绸绒

---

① [清]倪师孟,等.震泽县志[M].台北:成文出版社,1970:946.
② 万历实录·卷三百六十一.//徐新吾 主编.近代江南丝织工业史.上海:上海人民出版社,1991:35.
③ [汉]班固.汉书·卷五十九·张汤传[M].北京:中华书局,2008:2652.

绫不在此数。"[1]

对于后者,不同学者针对是集中的工场式生产还是"代领"式生产存在争论,但是与一般家庭作坊生产相比,材料中的生产方式显然已经颇具规模。

二、工场式蚕桑生产的发展

与民间蚕桑生产相对应,在近代社会转型之前,我国的历代政府基本都设有由政府设置、经营、管理的工场式的蚕桑生产机构,作为当时蚕桑生产主要形式之一,接下来主要梳理官营蚕桑工场的设置。

西周的职官设置中,就有典妇功,其下有典丝、司内服、缝人、染人等。《周礼》中记录"典妇功:掌妇式之法,以授嫔妇及内人女功之事赍""典丝:掌丝入而辨其物""典枲:掌布缌缕苎之麻草之物,以待时颁功而授赍""内司服:掌王后之六服……辨外内命妇之服""缝人:掌王宫之缝线之事,以役女御,以缝王及后之衣服""染人:掌染丝帛"。[2]从中,可以看出当时的蚕桑生产及相应职务设置概况。

西汉时期,在京师长安设有东西织室,陈留郡襄邑、齐郡临淄均有服官。东汉时,洛阳也设置织室,这些都属于官营手工工场式生产。汉元帝时,齐郡临淄有织工数千人,岁费亿万,从中可以窥见其规模之大小。

宋朝的少府监下辖绫锦院、内染院、文绣院等。"在京有绫锦院,西京、真定、青益梓州场院主织锦绮、鹿胎、透背,江宁府、润州有织罗务,梓州有绫绮场,亳州市绉纱,大名府织绉縠,青、齐、郓、濮、淄、潍、沂、密、登、莱、衡、永、全州市平䌷"。[3]

"纵观中国丝绸生产史,官营织局的设置在明代为之一变"。[4]"明制,两京织染,内外皆置局。内局以应上供,外局以备公用。南京有神帛堂、供应机房,

---

① [清]王仕铎,等.续纂江宁府志•卷十五[M].台北:成文出版社,1970:595.

② [清]阮元校刻.十三经注疏•周礼[M].北京:中华书局,2009:1486-1491.

③ [元]脱脱,等.宋史•卷一百七十五•志第一百二十八•食货上三[M].北京:中华书局,2008:4236.

④ 范金民.江南丝绸史研究[M].北京:农业出版社,1993:102.

苏、杭等府亦各有织染局,岁造有定数"。①此外,尚有地方染织局二十余处。这些官营的织造机构其生产规模、生产质量较前代均有明显的提高。

有清一代,变明朝官营织造分散局面,而集中设立江宁、苏州、杭州以及北京内织染局等四处,每个局内又分若干堂、号。

总体而言,历代官营蚕桑工场设置都有所不同,但其生产规模和产品质量均能代表对应时期的最高水平,其所生产产品对当时政治、经济、军事都具有重要的价值和作用。

三、工厂式蚕桑生产的发展

19世纪中叶,随着我国蚕桑业生产中外国因素的介入,在上海出现了第一家由外国人开办的缫丝厂,此后,相关工厂、公司开始陆续大量开办。

1843年,上海正式辟为商埠。此时出口的生丝都还是由手工作坊生产,即通常说的土丝,使用的仍然是传统技术。1861年,怡和洋行在上海建成上海纺丝局,这是外商在中国开设第一家缫丝厂,也是中国第一家蚕桑生产方面的工厂。1878年,美商旗昌洋行在上海开办缫丝厂。1872年,第一家民族资本开办的继昌隆丝厂在广东南海县成立。1887年,上海永昌机器厂开始制造缫丝机,这是中国最早生产丝绸机械的工厂。1894年,上海已有机器缫丝厂12家。1910年,广东珠江三角洲已有缫丝厂109家。1926年,全省缫丝厂为202家。从地域上来看,此时开办缫丝工厂的范围也已经由上海扩展到江苏、浙江、广东、四川等中国主要蚕桑生产地区。

我国近代手工织绸业和机器织绸业长期并存。1915年,上海第一家电机织绸厂——肇新绸厂开办。1917年,美亚绸厂开办,后因缺乏熟练技术人员,办厂三年没能开机织绸,便将机器出售而停歇。

传统印染都是手工作坊式生产,动力机器印染厂在1910年前后在我国开始出现,到20世纪30年代,上海的丝绸印染已经单独成为一个行业,拥有民族资本精炼印染厂7家,印花厂14家。

---

① [清]张廷玉.明史·卷八十二·志第五十八·食货六[M].北京:中华书局,2008:1997.

随着缫丝、纺织工厂的不断开办,国内外市场对生丝质量要求进一步提高,厂丝在与土丝的竞争中占据了绝对优势,并逐渐将其取代,与之相伴的是工厂式的蚕桑生产模式逐渐取代了传统的手工作坊式生产模式。

调查发现,现阶段,我国蚕桑业生产除了种桑、养蚕环节部分由农户参与之外,缫丝、纺织、印染、服装设计和生产等环节基本已完全变成工厂式生产。

蚕桑业生产由传统手工作坊、工场向近代工厂的转变,与生产技术变迁,经济、市场发展等均有密切关系。而生产技术、生产方式的变化又必然带来相应技术传承的变化。

第二节　作坊及工厂传承模式及特点

手工作坊生产、工场生产以及近现代的工厂生产,在我国蚕桑业生产的发展过程中具有极重要的作用和地位。与各式蚕桑生产伴随的是相应知识的传承。从知识传承模式的五个要素来看,虽然不同类的作坊、工厂在技术传承内容方面有所不同,但其施教者、受教者、传承方式、传承目的则基本相同。

一、作坊及工厂传承模式

(一)施教者及受教者

传统的家庭手工作坊生产中,一般是经济基础薄弱的人家亲自参加生产,而殷实之家则雇人生产。因其生产规模相对较小,作坊成员主要是家庭成员,以及为数不多的雇员或学徒。作坊中相关的缫丝、挽花、纺织、印染等技术的传授者和学习者都相对固定,属于典型的家庭内传承或者师徒传承,如:

> 依靠家庭劳动力或偶尔招徒弟自织。如范云甫家……其父母二
> 人一织一捵,等到他12岁学捵,母就不织。又如马惠英家……其父母

各织一台,一个徒弟摔花,她7岁调丝,8岁摇纬,9岁就上机摔花。①

还有一类是完全依赖雇工生产,如:

> 领了两家账房3台机子的胡秋乔,自己不织,雇了3个雇工及3个
> 徒弟。②

这样,其传授者一般包括父、母、姑、师傅,其对应的承习者则包括子、女、媳、徒弟等。除了家庭成员之外,这里出现了师徒间传承。

清代官营织造局中,工匠子侄,准其带局学习,或以"顶补"父业的形式到局习艺。

> 乾隆十二年,又奏准,江宁染匠,遵奉裁减外,摇纺匠五百二十六
> 名,皆自幼在局习成,与民间外户各别,难以临时幕补,仍按旧例,以在
> 局学成之幼匠,补充斥革病故之原数,照旧按名月给食米三斗。③

以上资料可以推断:官营织造局中非常注意后续技术力量的培养。此类技术人才从小就被带入局中进行培养,直到学成,培养方式相对比较正规、系统("自幼在局习成,与民间外户各别")。此类培养方式已经颇具规模("摇纺匠五百二十六名,皆自幼在局习成")。局中此类人才培养方式具有一定的历史("仍按旧例")。除局中培养之外,还从社会上进行招聘("难以临时幕补")。此外,在局学成之幼匠,其所学知识应有一定的特殊性,这可能是"与民间外户各别"之所在。从中,我们也不难发现,此类传承的传授者主要是不同作坊中的技艺娴熟的师傅,而承习者则主要是幼童。以其生产规模推测,一个师傅很可能要教数名幼童。

此外,广储司六库经营的手工作坊、工场中:

---

① 清末南京丝织业的初步调查[M].//范金民,金文.江南丝绸史研究.北京:农业出版社,1993:227.
② 清末南京丝织业的初步调查[M].//范金民,金文.江南丝绸史研究.北京:农业出版社,1993:227.
③ [清]昆冈,等.续修四库全书·史部·政书类·光绪大清会典事例·卷一一九零·内务府·库藏[M].上海:上海古籍出版社,1908:466.

乾隆五年三月呈准,嗣后匠役缺出,总管六库郎中同该库官员挑取。匠役一年者为学手,不令成造活计,二年者为半工,三年者为整工。如三年后仍不能成造活计,即行革退,将该管司匠交该处查议。领催等严加责处。如有特等精巧者,奏明加给钱粮。①

乾隆十四年二月奉旨著交总管内务府大臣海望、德保等,于内务府管领下妇人内,除派数名令其学织鄂勒忒绦子钦此,钦遵,随于本库现有织做绦子妇人内,除派五名,其中头目一名,令其学织。是年四月呈准本库所派学织鄂勒忒绦子妇人,均已学会织做,请交掌关防内管领处,于三十管领下除派妇人十名,跟随原派学织鄂勒忒绦子之妇人学习。此内如果有手巧学习精工者,即酌量拣选一名,委以头目管束伊等。②

由资料可知:匠役学习期限基本为三年("三年者为整工")。对于承习者和传授者均有相对严格的奖励和惩罚制度("三年后仍不能成造活计,即行革退,将该管司匠交该处查议。颁催等严加责处。如有特等精巧者,奏明加给钱粮")。此类匠役培养具有一定的规程("嗣后匠役缺出,总管六库郎中同该库官员挑取""匠役一年者为学手,不令成造活计,二年者为半工,三年者为整工")。传承形式是先派员到他处学织,学成后,再在本处推广技术("除派五名,其中头目一名,令其学织""所派学织鄂勒忒绦子妇人,均已学会织做,请交掌关防内管领处,于三十管领下除派妇人十名,跟随原派学织鄂勒忒绦子之妇人学习")。此类传承,有一套相对成体系的组织形式作保障("总管六库郎中同该库官员挑取""如果有手巧学习精工者,即酌量拣选一名,委以头目管束伊等")。

无论是家庭手工作坊式生产还是官营作坊式生产,其生产基本都是手工操作,而近现代工厂中的生产基本实现了机械化、自动化,与生产方式、生产设备改变相伴随的是生产技术的变化,从而带来了相应技术传承的变化。最初阶

---

① 钦定总管内务府现行则例·广储司·卷一[M].//彭泽益编.中国近代手工业史资料(1840—1949)[M].北京:三联书店,1957:154.

② 钦定总管内务府现行则例·广储司卷一[M].//彭泽益编.中国近代手工业史资料(1840—1949)[M].北京:三联书店,1957:153.

段,因为本土技术工人的培养需要一个周期,所以往往从国外雇佣技师甚至工人。如:

> 这时期另有几个丝厂建立了,系中国商人所办或中英合办的。这些厂里一般都雇佣外国技师,并从法国雇来技术工人。①

在外籍工程师、技术人员的主持和培训下,第一批中国技术工人逐渐成长起来。

1882 年,在公平洋行开设的丝厂里:

> 全厂由一个外国经理或监督负责管理,他手下配备着一班有技艺的工头和女工头,女工头都是中国人。②

图 7-1　纺织工厂中师徒交流,2009 年 12 月,作者拍摄于江苏南通

随着时间的推移,上海丝织、练染、印绸等领域的技术人员,部分由厂内培养,部分则由江、浙两省的丝绸专业学校培养。此外,还有个别专门人才从国外留学归来,或由厂出资去高等学校深造的。极个别厂出于自身建厂的需要,还办了业内的训练所与训练班。③

在对江苏、浙江、山西、贵州等地蚕桑企业进行调查、访谈的过程中,我们发现:现阶段缫丝、纺织、印染等企业中技术传承仍主要采取集体培训和师徒制,其中以师徒制为主。这些公司、企业中技术传授者来源主要有:相关学校的硕士、本科、专科等各类毕业生;从其他公司招聘的技术熟练师傅;在本企业中成长起来的师傅。而技术承习者来源主要是:相关大专院校招聘的各类毕业生;从社会上招聘的各类务工人员。不同企业对应聘者的要求不同,即使同一企业

---

① 孙毓棠.中国近代工业史资料(第一辑)[M].北京:科学出版社,1957:67.

② 孙毓棠.中国近代工业史资料(第一辑)[M].北京:科学出版社,1957:69.

③ 上海丝绸志编纂委员会.上海丝绸志[M].上海:上海社会科学出版社,1998:339.

的不同车间对应聘者的要求也不相同。特别是采用现代科技操作的,如电脑印染对应聘者的计算机操作能力具有一定的要求,对于图案设计方面的则需要专门对口专业毕业生。而对一般的像缫丝、纺织、印染等具体在车间操作的技术工人,要求则相应要低得多(图7-1是纺织工厂中的师傅向徒弟传授相关知识)。

(二)传承内容

无论是家庭手工作坊、工场,还是近现代的工厂,其蚕桑生产基本都在缫丝、纺织、印染、服装制作等范围之内。不同生产方式或者同一生产方式中不同规模的生产单位所涉及环节的多少不同,相应传承的内容也会不同。

家庭手工作坊式生产,其生产一般涉及纺织、印染、服装制作等内容。由于其生产规模较小,所以一般只是涉及其中的某一部分,特别是随着生产分工的不断细化,一个手工作坊往往只做其中的某一道工序。其传承内容则与生产范围密切相关。

上文所引"马惠英家……其父母各织一台,一个徒弟摔花,她7岁调丝,8岁摇纬,9岁就上机摔花"中的马惠英7岁调丝,8岁摇纬,9岁就上机摔花,也就是说其传承内容主要涉及调丝、摇纬、摔花相关知识和技能。

近世手工作坊中,在继承传统生产内容的同时,也有根据时代变化,积极接受新的技术内容。如:

> 川沙县唐墓桥赵家宅人赵春兰,在上海董家渡路天主教堂附近开设了一家中式成衣铺,经常为教堂内的修女们修补衣服,从中学会了缝制西式女服装的基本技巧。1848年有一位英籍牧师带其一起去英国,在英国又学到了许多缝制女式西服的技艺,1851年回国后,在上海开设了洋服铺。其后,赵的许多亲戚、朋友和同乡都拜赵为师,因而川沙县一带的乡民大都学习制作西服的技艺,成为中国西服生产的名副其实的发祥地。[①]

[①] 赵承泽.中国科学技术史(纺织卷)[M].北京:科学出版社,2002:442.

赵春兰在制作传统中式成衣的基础上,远赴英国学习西服制作工艺,并在回国后广为传授,致使"川沙县一带的乡民大都学习制作西服的技艺,成为中国西服生产的名副其实的发祥地"。这里传授的制作西服的工艺是我国原来所没有的,所以具有很强的典型性、代表性。同时,这也从一个侧面反映了社会转型、文化碰撞之际,服饰文化变迁过程中,民众对外来新服装样式的接受过程。

与家庭手工作坊相比,工场的生产范围和规模要大,其传承内容范围更广。明清织局内部实行堂长制,如苏州织染局,在嘉靖中期分别以天、地、元、黄、宇、宙为号,设为东纴丝堂、西纴丝堂、纱堂、横罗堂、东后罗堂、西后罗堂等6堂。松江织染局,分为织、挽、络、染、打线、结综、箆7作。其中,苏州局工匠主要分为高手、扒头、染手、结综、掉络、接经、画匠、花匠、绣匠、折缎匠、挽花匠等。[①]由于比家庭手工作坊生产范围要大,分工更加精细,所以官营作坊中的工匠可能精通其中的一门,也有可能精通其中多门,这也直接关系相关内容的传承。

除了规模化生产,工厂式生产的显著特点就是使用机器和进一步的分工协作,以及由此带来的传承内容的变化。

如上文所述,我国自1860年代开始出现近现代意义上的缫丝工厂,然后逐渐出现纺织工厂、印染工厂。以纺织为例,1912年,我国首家使用手拉机的杭州纬成丝绸公司从日本引进仿法国式机10台,其主要特征,是从"手抛梭"改变为"手拉打梭"。1915年,肇新绸厂引进9台瑞士产全铁织机及辅助机械。旧式木机每分钟素织物可织40梭左右,花织物仅25梭左右,而手拉机每分钟可织60梭左右,动力织机每分钟可达150梭左右。虽然1915年前后,江南丝织业已开始使用电力丝织机,但20世纪20年代以前,使用的地区仍仅限于上海、杭州。到了20世纪30年代,杭州还是木、拉、电三机并用,而南京则还完全使用旧式木机。

就织造挡车工而言,使用电力机的主要操作内容:(1)梭子内纬线织尽的换梭、换纬管。(2)纬线断头时的换梭、换纬管。(3)检查绸面,处理病疵。(4)拆疵

① 崇祯松江府志·卷十五·织遣[M].//江南丝绸史研究.北京:农业出版社,1993:124.

绸,接挡子。在多梭箱织物时,要回正梭箱。(5)清理经面、分经、移梭棒、处理毛丝。(6)处理断经要补头,穿综引筘;察看机械运转情况及机件的运转状况如综丝、梭箱、皮结、打梭棒、打梭皮带、边撑、卷取装置等。[①]与传统的技术相比,此处的生产技术已经完全发生了变化。从传承的角度而言,其传承内容也发生了变化。

采访中笔者了解到,现代缫丝程序基本包括:选茧、缫丝、复整,具体细分又包括烘茧、选茧、煮茧、索绪、缫丝、复整等。整个缫丝生产过程中,每个环节如烘茧、选茧等,都有专门的工人进行操作,整个生产的顺利进行依赖于每一环节的有机协作。不同环节的技术要求也不相同,如选茧环节,对技术要求相应要低,而缫丝的挡车工相应的技术含量就要高一些,这样就造成不同工种传承内容也不相同。虽然从总体而言,缫丝技术内容在该工厂中得到了有效的传承,但与家庭生产或家庭手工作坊相比,以前由一两个人进行的自养自收、自缫自染、自织自绣、自缝自穿的全环节操作,现在仅缫丝一项就又细化成诸环节,需要由多人协作完成。

(三) 传承方式

家庭手工作坊中,由于生产规模较小,参与生产人员较少,所以基本属于父子、母女、姑妇相传,与家庭生产传承不同的是,由于出现了雇工生产,手工作坊中出现了师徒传承方式。工场中的技术传承也以师徒传承为主,但由于开始规模化生产,所以出现了现代意义的企业培训的雏形。现代工厂企业内技术传承则是企业培训与师徒制并行。如:

领了两家账房3台机子的胡秋乔,自己不织,雇了3个雇工及3个徒弟,苏州人郑灏家绵帛工及挽丝佣各数十人。[②]

那施复一来蚕种拣得好;二来有些时运……几年间就增上三四张绸机,家中颇颇饶裕……且说施复是年蚕丝利息比别年更多几倍。欲

① 徐新吾.近代江南丝织工业史[M].上海:上海人民出版社,1991:117-121.
② 陆粲.庚巳编·卷四[M]//范金民,金文.江南丝绸史研究[M].北京:农业出版社,1993:211.

要又添张机儿,怎奈家中狭隘,摆不下机床……又买了左近一所大房居住,开起三四十张绸机,又讨几房家人小厮,把个家业收拾得十分完美。①

材料中所记均为典型的家庭手工作坊生产,主要依靠雇工或徒弟进行生产,此中的技术传承便是典型的师徒制。

在明清之际,出现了手工业行会,其中有不少规定措施从制度层面有力保障了这种技术传承方式的有效进行。例如:

《同治九年苏州府为布染坊业建立公所议定章程办理善举给示晓谕碑》中规定:"一、议徒弟一年,每月钱五百文,三年准工俸全工,领照行单一纸为凭。一、议徒弟五年准满,六年准留,不准私留。一、议徒弟不准捐入乱规。一、议如有外坊染司,不准存留在坊混做。"②

据D.T.Macgowan记载,温州丝织手工业行会1876年定的行规中也明确指出"学徒方面:学徒学习期限为五年,期满后,必须完成一年的合同,否则,不能另找工作。学徒必须遵从师匠。织丝绸的学徒,先学织,后学染,不遵守这一规定的,罚戏一台。任何铺坊在同一时期内,染坊的学徒人数不得超过一人。店东方面……在同一时期,坊主家族只许有一人学习本行手艺。有三台织机者,只需带两个徒弟,不得多带。"③

由以上材料可以知道:行规明确规定了学徒期限("徒弟五年准满,六年准留""学徒学习期限为五年");以行规的形式规定了师徒之间的关系("学徒必须遵从师匠");明确规定了学习程序("先学织,后学染,不遵守这一规定的,罚戏一台");明确规定了师傅招徒的规矩("任何铺坊在同一时期内,染坊的学徒人数不得超过一人""有三台织机者,只需带两个徒弟,不得多带");明确规定了学

①[明]冯梦龙.醒世恒言·施润泽滩阙遇友[M].北京:中华书局,2009:352-365.
②苏州历史博物馆.明清苏州工商业碑刻集·同治九年苏州府为布染坊业建立公所议定章程办理善举给示晓谕碑[M].南京:江苏人民出版社,1981:84.
③转引自朱新予.浙江丝绸史[M].杭州:浙江人民出版社,1985:162-163.

徒的待遇（"徒弟一年，每月钱五百文，三年准工俸全工"）；明确规定了徒弟学成后的工作去留（"徒弟五年准满，六年准留，不准私留""必须完成一年的合同，否则，不能另找工作"）。此外，其中还规定了"三年准工俸全工，领照行单一纸为凭"。

上文所引文献中提到了"乾隆十四年二月奉旨著交总管内务府大臣海望、德保等，于内务府管领下妇人内，除派数名令其学织鄂勒弎绦子钦此，钦遵，随于本库现有织做绦子妇人内，除派五名，其中头目一名，令其学织""是年四月……均已学会织做……于三十管领下除派妇人十名，跟随原派学织鄂勒弎绦子之妇人学习"，以及"摇纺匠五百二十六名，皆自幼在局习成"。从中看出，官营工场与家庭作坊均是以师徒传承为主，但是其规模明显要大得多。

工厂企业由于采取大规模协作式生产方式，所以在传承方式上除了传统的师徒传承之外，往往采取企业培训的方式进行员工培训，极大地促进了技术传承。

如成立于1931年的美亚训练所，具体负责该厂练习生艺徒和初级职员的培训。练习生期限2—3年，学习期限半年，期满考试合格，即可派厂实习，每半年考核晋级一次，期满升任初级职员。艺徒毕业无一定期限，考核合格即可派厂工作，约须4—5个月时间即可学成派厂……初级职员进厂亦须领经过考试，合格后，先于训练所施予短期培训，熟悉本厂厂史、规章制度及个人业务要求，并引导参观各厂，了解各部情况及办事程序，方派具体工作。此外训练所还经营管理原属厂惠工处经营的部分工作，如为青年工人办业余学校，开展各项文体活动，开办图书室，聘请社会人士来厂演讲等。该训练所于抗战前即因绸业不景气等原因而撤销。早期业内办训练班较有名的还有成立于1946年初的绢纺技术训练班，培训对象为绢纺技术人员，由中国纺织建设公司上海第一绢纺厂所办，学员进厂须经考试，学制3年，学习内容类同中等专业学校，共开20余门课程，包括语文、高等数学、绢纺工程、机械制图、机织学、纹织设计、英语、高级簿记、成本会计、印染工程、应用化学、中等物理、企业管理等。当时共招学员28名,该班学期结束于1949年上海临近解放。上海解放后,这批学员除部分外调外,多数留厂成为中高级技术人员。①

　　张方佐在中纺公司任职期间,"举办了纺织、印、染三个技术训练班和清、梳、条粗、筒拈、准备、织造、原棉、检验、成本九个专门技术研究班"。②

从以上材料可以看出,工厂、企业中的技术培训在培训期限、实习、培训内容等方面都有详细的规定,也正是因为上述规定,所以正如材料所述"这批学员除部分外调外,多数留厂成为中高级技术人员",说明取得了很好的培训效果。此外,与师徒制传承相比,其培训内容除了生产技术以外,还包括了解、熟悉各种规章制度及相关事宜。

在现代蚕桑生产企业中,企业培训与车间中的师徒制相结合,有效地保障了相关生产技术的顺利传承。

(四)传承目的

与家庭蚕桑生产自给自足的性质不同,家庭手工作坊以及近代的工厂均是以获取经济效益作为其生产的主要目的。如上文所引,嘉兴府"吾里机业,十室而九……本镇人以机为田,以梭为耒。机杼之利,日生万金,四方商贾,负资云集"以及"(盛泽)镇上居民稠广,土俗纯朴,俱以蚕桑为业。……那市上两岸绸丝牙行,约有千百余家,远近村坊织成绸匹,俱到此上市。四方商贾来收买的,蜂攒蚁集",均很好说明这一点。

现阶段,经济效益更是决定企业、工厂生存发展的关键因素。

生产目的在一定程度上决定了技术传承的目的,也就是说手工作坊、工厂中技术传承的主要目的是为了获取经济效益。当然,这并不否定在技术传承过

① 上海丝绸志编纂委员会.上海丝绸志[M].上海:上海社会科学出版社,1998:339-340.
② 中国近代纺织史编辑委员会编.中国近代纺织史研究资料汇编·第一辑[M].上海:华东师大印刷厂,1988:57.

程中有其他目的的存在。

此外,在官营的工场中,由于其生产的最终产品并不一定作为商品在市场上大量出现,而主要是供政府使用,所以其传承目的与手工作坊和工厂有所不同。

(五)传承模式

以上从施教者、受教者、传承内容、传承方式、传承目的五个维度对蚕桑科技作坊及工厂传承模式进行了讨论,简单概括如下。

表7-1 蚕桑科技作坊及工厂传承模式

维度	内容	备注
施教者	作坊、车间的师傅,蚕桑技术人员	
受教者	作坊、车间的学徒,蚕桑生产工人	
传承内容	蚕桑生产相关环节的知识、技术	传承内容专业性较强
传承方式	在做中学,技术培训	
传承目的	获取经济效益	官营工场中主要是为了满足政府所需

二、作坊及工厂传承模式特点

通过以上讨论可以归纳出作坊及工厂传承模式特点如下:作坊、工场及工厂中相关蚕桑知识主要是以师徒制形式传承。现代大型蚕桑生产企业中逐步成立专业技术研发部门,在开发新技术的同时,注重技术转化和培训。家庭手工作坊以及工厂传承的目的主要是为了获取经济效益。技术传承的内容趋于专业化,生产技术传承呈现分工协作局面。家庭手工作坊、工场以及工厂中的技术传承方式属于典型的"做中学"。

第八章
蚕桑科技学校传承研究

　　我国第一所蚕桑教育机构——浙江蚕学馆,创办于清光绪二十三年(1897年)。光绪二十八年(1902年)京师大学堂农科开始开设高等蚕桑教育。清末民初,蚕桑教育风极一时,各地出现了大批各类蚕桑学校。20世纪前半叶,我国蚕桑教育由最初的效仿日本逐渐演变成学习欧美,基本形成了一整套相对完备的教育体系。1949年以后,蚕学专业属于"为需从严控制设置的专业",蚕桑教育相对更加规范,各类蚕桑学校得到了较快发展。此外,教会学校中的蚕桑教育在我国蚕桑教育史上具有重要的意义,对我国蚕桑教育的发展起到了一定的作用。

　　伴随着各类蚕桑学校的出现,还有各种蚕桑研究机构,在蚕桑知识传承中也具有重要的地位和作用,因为研究机构与学校教育在传承内容、传承方式等方面具有相类似的地方,故本研究将其纳入学校教育模式。

第一节 蚕桑学校发展概况

鉴于我国蚕桑学校教育的历史及现状,接下来将从蚕桑职业学校发展及蚕桑高等学校发展两个方面分别进行梳理。

一、蚕桑职业学校发展

《钦定学堂章程》中的职业学校称实业学堂,分简易实业学堂(修业年限三年)、中等实业学堂(修业年限四年)、高等实业学堂(修业年限三年)。《奏定学堂章程》中的实业学堂也分三种:初等实业学堂、中等实业学堂、高等实业学堂。中华民国成立,废除文实分科制,分为甲乙两种。甲种实业学校(四年制)与中学校同等,乙种实业学校(三年制)与高等小学同等。1922年颁布的《学校系统改革案》说明中指出初等教育中的"小学课程得于较高年级,斟酌地方情形,增置职业准备之教育",中等教育中"初级中学实行普通教育,但得视地方需要,兼设各种职业科""高级中学分普通、农、工、商、师范、家事等科。但得酌量地方情形,但设一科,或兼设数科(注:依旧制设立之甲种实业学校,酌改为职业学校,或高级中学农、工、商等科)""职业学校之期限及程度,得酌量地方实际需要情形定之(注:依旧制设立之乙种实业学校,酌改为职业学校,收受高级小学毕业生,但依地方情形,亦得收受相当年龄之修了初级小学学生)""为推广职业教育计,得于相当学校内酌设职业教员养成科"。[①]

附录二是民国元年(1912年)到民国五年(1916年)我国各省设立的甲种蚕桑学校、开设蚕科的甲种农业学校或开设染织、机织的甲种工业学校,从中我们可以了解当时蚕桑职业教育的概况。从表中可知:开设蚕科的农业学校有28

---

① 大总统颁布施行之学校系统改革案[S].//璩鑫圭,唐良炎.中国近代教育史资料汇编·学制演变[M].上海:上海教育出版社,2009:1009-1010.

所,其中有12所学校只开设蚕科,其余学校还开设农科、林科等专业。开设染织(包括机织、染色)科的工业学校有12所,其中有5所学校只开设染织科,其余学校还开设机械、金工、应用化学等专业。从地域上来看,河南、山东、湖南等省在此时间段内开设蚕业学校数最多,其中又以河南为最,共11所,占全国该类学校数四分之一强。民国初年兴起兴办实业学校的高潮,其中又以民国三年为最。从表中可以看出,民国二年(1913年)开设7所(占该时间段开设数的17.5%),民国三年(1914年)开设的蚕业学校有19所(占该时间段开设数的47.5%),民国四年(1915年)开设数为10所(占该时间段开设数的25%)。

二、蚕桑高等学校发展

光绪二十八年(1902年),京师大学堂设农科,我国开始有近代意义上的高等农业教育,其中"农学门"科目中有"养蚕论"。到清末民初,已有8所农业专门学校,其中有两所开设蚕科。1918年,金陵大学农林科正式成立了我国历史上第一个蚕桑系,并开设蚕桑特科。1946年前后,我国高等农业院校的农学院中,共开设3个蚕桑系。20世纪末,我国高等蚕桑教育中的蚕学专业属于"为需从严控制设置的专业",设立本科、硕士、博士三种学位。目前,我国现有15所院校(含研究所)具有"特种经济动物饲养"硕士学位授权,6所院校(含研究所)具有"特种经济动物饲养"博士学位授权。

《钦定高等学堂章程》《钦定京师大学堂章程》《奏定高等学堂章程》《奏定高等农工商实业学堂章程》等章程中,均涉及农科大学设置及分科事宜。其中,光绪二十八年七月十二日(1902年8月15日)颁布的《钦定京师大学堂章程》的第二章功课中明确规定:"欲定功课,先详门目,今定大学堂全学名称:一曰大学院,二曰大学专门分科,三曰大学预备科……除大学院为学问极则,主研究不主讲授,不立课程外,兹首列大学分科课程,次列预备科课程……"其大学分科门目表中明确指出"大学分科,俟预备科学生卒业之后再议课程,今略仿日本例,定为大纲,分列如下:政治科第一,文学科第二,格致科第三,农业科第四,工艺科第五,商务科第六,医术科第七……农业科之目四:一曰农艺科,二曰农业化学,三曰林学,四曰兽医学。"①从中可以看出,其中分大学院、大学专门分科以及预备科,农业科作为七科之一,又下设农艺、农业化学、林学、兽医学四科。这一时期我国高等学校建设主要是效仿日本模式。

《钦定高等学堂章程》第一章全学纲领中指出"高等学堂之设,使学生于中学卒业后欲入大学分科者,先于高等学堂修业三年,再行送入大学肄业……高等学堂虽非分科,已有渐入专门之意,应照大学预科例,亦分政、艺两科……今议立大学分科,为政治、文学、格致、农业、工艺、商务、医术七门,则政科为预备入政治、文学、商务三科者治之,艺科为预备入格致、农业、工艺、医术四科者治之"。②

此外,《奏定大学堂章程》还专门指出,"农科大学可别置蹄铁术传习生、农业传习生、蚕业传习生、林业传习生各若干名……农业传习生以三年为限,蚕业传习生、林业传习生以两年为限……"③

金陵大学农科成立于1914年,1917年该科与"万国蚕桑合众改良会"合作筹设蚕桑学系,次年成立并附设蚕桑特科,这是我国最早设立的蚕桑系,由美国人吴伟士(C.W.Woodworth)主持。

到民国八年(1919年),国内除美国人设立的金陵大学农科外,其余只有9所国立和公立的农业专门学校。国立者为'国立北京农业专门学校';公立者8所有:直隶、河南、江西、山东、山西、四川、广东、湖南各一所。在农业专门学校中,设立农科最为普遍,蚕科次之,兽医科又次之。这些初创的农业大学,"除北京农业专门学校改名为国立北京农业大学后分设农艺、森林、畜牧(包括兽医)、园艺、生物、农业化学、蚕桑等七系科外,其他学校一般只设有农学(或称农作物)、园艺、农艺化学、林学(或称森林)、蚕桑、兽医等科系"。④

据民国二十年(1931年)教育部统计,全国设有大学农学院13所。北平、中

① [清]张百熙等.钦定大学堂章程[S]//璩鑫圭,唐良炎.中国近代教育史资料汇编·学制演变.上海:上海教育出版社,2009:244-245.
② [清]张百熙等.钦定高等学堂章程[S]//璩鑫圭,唐良炎.中国近代教育史资料汇编·学制演变.上海:上海教育出版社,2009:264-265.
③ [清]张百熙等.奏定大学堂章程[S]//璩鑫圭,唐良炎.中国近代教育史资料汇编·学制演变.上海:上海教育出版社,2009:390.
④ 庄孟林.中国高等农业教育历史沿革[J].中国农史.1988(2):109-110.

央、中山、浙江、四川等5所国立大学设农学院;金陵、岭南、南通等3所私立大学设农学院;河南、山东、河北、东北、江西等5所省立大学设农学院。这一时期金陵大学、国立中央大学均设有蚕桑科。

1943年4月,教育部根据农业教育委员会的意见,订立并颁布农业专科学校暂行科目表,决定各科的统一名称为:农艺科、森林科、畜牧兽医科、农业经济科、农产制造科、蚕丝科、农业工程科7科,各科均制造了必修与选修课程表。[①]

1952年全国范围院系调整,高等农业院校由17所增至27所,原有182个系科,调整为124个专业。

1997年,由国务院学位委员会颁布的《授予博士、硕士学位和培养研究生的学科、专业目录》中,蚕学专业属于一级学科畜牧学(0905)下二级学科特种经济动物饲养(090504)中的一个学科门类。[②]现阶段,我国普通高校本科专业设置目录中,在动物生产类(0905)下设置蚕学(090502)专业,并且,该专业属于"为需从严控制设置的专业"。目前,国内开设蚕学本科专业的高等院校有西南大学、浙江大学、山东农业大学、安徽农业大学、沈阳农业大学、苏州大学、华南农业大学等,有15所院校(含研究所)具有"特种经济动物饲养"硕士学位授权,6所院校(含研究所)具有"特种经济动物饲养"博士学位授权。

以上分职业教育和高等教育简单梳理了我国蚕桑学校教育的发展概况,接下来将从学校教育中蚕桑科技施教者、受教者、传承内容、传承方式、传承目的等维度对蚕桑科技学校传承模式进行讨论。

第二节　学校教育传承模式

本节先梳理学校教育传承模式,继而进行案例分析,最后讨论该传承模式特点。

---

① 周邦任.中国近代高等农业教育史[M].北京:中国农业出版社,1994:175.
② 国务院学位委员会.授予博士、硕士学位和培养研究生的学科、专业目录(1997颁布)[DB/OL].
(2019-12-02).http://www.cdgdc.edu.cn/xwyyjsjyxx/sy/glmd/267001.shtml

一、传承模式

蚕桑学校作为传承蚕桑科技的专业机构,集教学、科研、推广三者于一体,具有独特的作用和价值,具体如下:

(一)施教者及受教者

学校教育中的施教者和受教者是对应的教师和学生,在不同的历史时期教师和学生的来源、学术背景等方面有所不同。

1922年颁布的《学校系统改革案》的说明中指出"为推广职业教育计,得于相当学校内酌设职业教员养成科",附录二"全国各省设立甲种实业学校情况一览表"中职业学校的教师养成科,即属此类。

初创时期高等农业教育的教师主要包括直接聘请的外国教师、从外国农业学校毕业的中国留学生以及从国内高等农业学校毕业的学生。最初,聘请的外国教师主要来自日本,后来逐渐开始聘用欧美教师。如金陵大学农科的教师基本都是从美国聘请而来,或者具有美国留学经历的中国人,这与金陵大学是一所美国教会大学有一定关系。

相关法规对教师资历也有明确规定。如1912年11月14日颁布的《教育部公布公立、私立专门学校规程》中规定"凡具有下列各款资格之一者,得充公立、私立专门学校教员;具有下列各款资格之一、且曾充专门学校教员一年以上者,得充校长:一、在外国大学毕业者,二、在国立大学或经教育部认可之私立大学毕业者,三、在外国或中国专门学校毕业者,四、有精深之著述经中央学会评定者"。[①]我国现行的1999颁布的《高等教育法》中的第四十七条明确指出"高等学校实行教师职务制度。高等学校教师职务根据学校所承担的教学、科学研究等任务的需要设置,教师职务设助教、讲师、副教授、教授"。并对教师资格做出明确要求:"一、取得高等学校教师资格;二、系统地掌握本学科的基础理论;三、具备相应职务的教育教学能力和科学研究能力;四、承担相应职务的课程和规

---

① 教育部公布公立、私立专门学校规程[S]//潘懋元,刘海峰.中国近代教育史资料汇编·高等教育[M].上海:上海教育出版社,2009:473-474.

定课时的教学任务。"此外,还规定"教授、副教授除应当具备以上基本任职条件外,还应当对本学科具有系统而坚实的基础理论和比较丰富的教学、科学研究经验,教学成绩显著,论文或者著作达到较高水平或者有突出的教学、科学研究成果。"①与前者相比,现行的《高等教育法》对教师自身学科知识、能力,教学经验等方面提出了更加具体的要求,也正是这些条件和要求,在一定程度上保障了教师的质量,保障了蚕桑科技传承过程中施教者的素养。

各类蚕桑学校对于学生的来源也有相对严格的要求。1912年10月22日颁布的《教育部公布专门学校令》中指出"专门学校学生入学之资格,须在中学校毕业或经试验有同等学力者。"②现行的《高等教育法》第十九条也明确规定:"高级中等教育毕业或者具有同等学历的,经考试合格,由实施相应学历教育的高等学校录取,取得专科生或者本科生入学资格。本科毕业或者具有同等学力的,经考试合格,由实施相应学历教育的高等学校或者经批准承担研究生教育任务的科学研究机构录取,取得硕士研究生入学资格。硕士研究生或者具有同等学历的,经考试合格,由实施相应学历教育的高等学校或者经批准承担研究生教育任务的科学研究机构录取,取得博士研究生入学资格。允许特定学科和专业的本科毕业生直接取得博士研究生入学资格,具体办法由国务院教育行政部门规定。"③此外,还具体规定了一系列学生享有的权利和应尽的义务。这些规章措施对学生来源、学业背景具有明确规定,保障了生源质量,同时促进了知识传承的顺利开展。

下表是我国某高校中与蚕桑相关的学院的教师和学生的数量分布。

---

① 中华人民共和国高等教育法[DB/OL].(2019-01-17)[2019-12-02]. http://www.chinalaw.gov.cn/Department/content/2019-01/17/592_227076.html.
② 教育部公布专门学校令[S]//潘懋元,刘海峰.中国近代教育史资料汇编·高等教育.上海:上海教育出版社,2009:471.
③ 中华人民共和国高等教育法[DB/OL].(2019-01-17)[2019-12-02]. http://www.chinalaw.gov.cn/Department/content/2019-01/17/592_227076.html.

表8-1 某高校蚕桑相关学院师生数量统计表

院系	教师			学生			备注
	教授	副教授	其他	本科	研究生	博士后	
生物技术学院	10	20	20	650	150	3~5	招收国外留学生
纺织服装学院	40			800			
研究所	9	12	4	—	130	3~5	先后派遣了30余名研究生赴国外留学

其中,蚕学与系统生物学研究所有专职研究人员25人,其中教授9人,副高12人,有博士学位者16人;长江学者1人,博士生导师7人,国家有突出贡献的专家4人,国家"百千万人才工程"人选3人,"跨世纪优秀人才"和"新世纪优秀人才"各1人,"973"项目首席科学家1人。实验室常年在读硕博研究生130人左右,在站博士后3~5人。研究所与日本、美国、加拿大等国家的相关大学或科研单位建立了广泛合作关系,研究所固定研究人员中90%具有国外工作或者学习经历,先后派遣了30余名研究生赴国外留学,实施国际共同研究项目5项。在国内同十几所高校与科研院所建立了科研合作关系,吸引了一大批客座人员和访问学者来室工作。师生数量相对合理,研究人员具有较高研究能力且年龄、职称分布相对合理,在国际视野中,集教学、科研为一体,形成了较为健康、合理的传授和学习梯队。

(二)传承内容

我国第一所蚕桑学校——浙江蚕学馆的馆表中即明确指出"又以外洋蚕业之胜法创其始,日集其成,故专延日本教习教授新法",也就是说我国近代蚕桑学校从一开始就主要传授实验农学范畴的蚕桑知识。

1912年12月颁布的《教育部公布农业专门学校规程》将农业专门学校分为五科:农学科、林学科、兽医学科、蚕业学科、水产学科。如在殖民垦荒之地,得兼设土木工学科。具体到某一学校,科目设置以及各科目教学时间等内容,需要由校长酌量决策,并呈报教育总长认可。该规程中,对于蚕业学科的课程设置,分养蚕类、制丝类分别规定如下。

表8-2 《教育部公布农业专门学校规程》之蚕业学科科目设置

养蚕类			制丝类		
数学	外国语(英语)	细菌实验	数学	染织实习	柞蚕缫丝法
动物学	桑树栽培实习	农学总论	制图学	蚕丝业泛论	屑物利用论
植物学	蚕丝业法规	蚕业泛论	物理学	制图实习	杀蛹干茧制丝实习
气象学	化学分析实习	蚕病实习	化学	分析化学	茧及生丝审查实习
害虫学	蚕体解剖学实习	物理学	染织论	商业通论	束装整理实习
细菌学	蚕体病理学	养蚕法实习	簿记学	工业通论	化学分析实习
制丝论	蚕丝业经济学	化学及分析	纤维论	工场管理法	外国语(英语)
柞蚕论	蚕具制造实习	桑树栽培学	经济学	蚕丝业法规	茧及生丝审查法
经济学	蚕室蚕具消毒实习	蚕体生理学	养蚕论	杀蛹干茧论	人造绢丝论
土壤学	杀蛹干茧制丝实习	人造绢丝论	制丝学	商场练习	法语(选)
肥料学	制种及检种实习	蚕体解剖学	机械学		
养蚕法	茧及生丝检查实习	法语(选)			

从上表中可以看出,养蚕类共开设36门课程,制丝类开设31门。具体科目基本覆盖了当时养蚕、治丝的所有方面。

现阶段,对于专业、课程设置,"高等学校依法自主设置和调整学科、专业,根据教学需要,自主制定教学计划、选编教材、组织实施教学活动"。相比较而言,高校在课程设置和实施方面具有了更大的选择和权利,这也有利于高校学科特色的发展,有利于高等人才的培养。

现在高等农业院校蚕学专业开设的核心课程主要有遗传学、蚕体解剖生理学、桑树栽培及育种学、桑树病虫害防治学、养蚕学、家蚕病理学、蚕种制造学、家蚕遗传与基因组学、家蚕育种学、茧丝学;实验课程有植物学实验、动物生物学实验、微生物学实验、遗传学实验、基础生物化学实验、蚕体解剖生理学实验、植物生理学实验等;实习科目主要有桑树栽培及育种学实习、养蚕及蚕种生产综合实习、毕业实习、毕业论文、社会实践等;某高校蚕学专业规定的毕业学分数为178,而实践实习学分数为26,占14.6%。实验课的学分数为12.5,占7.02%。从中可以看出,实验和实习在整个课程中的比例。纺织专业开设的专业课程主要有机械设计基础、电工与电子技术、计算机原理及应用、纺织材料学、纺纱学、纺织品与服装贸易、织造学、纺织机械原理、纺织CAD、纺织品设计、纺织品检验、产业纺织品学;轻化工程专业开设的主干课程有无机化学、有机化学、分析化学、纺织品印染原理、聚合物化学、染整工艺学、扎染与蜡染、皮革染整、酶化学、织物整理、染整助剂化学、功能整理、浆料学、颜色光学、功能性纺织等。

近代蚕桑学校中所传承的内容属于实验农学范畴,均是分科进行,科目设置包括了理论、实验、实习等部分,结构更加合理,内容更加全面,这与传统传承模式具有明显的不同。

(三)传承方式

总体而言,近代蚕桑学校,特别是高等蚕桑学校,按照院系组织教育、教学活动,同一个系科下面又分不同的专业。

与此同时,在高等教育中还形成了本科、硕士、博士等不同学位的教育体制。1912年12月颁布的《教育部公布农业专门学校规程》中规定:农业专门学校得设置预科,修业年限为一年,本科之修业年限为三年,农业专门学校得为本科毕业生设研究科,其年限为一年以上。现行的1999年颁布的《中华人民共和国高等教育法》中第十七条规定:"专科教育的基本修业年限为二至三年,本科教育的基本修业年限为四至五年,硕士研究生教育的基本修业年限为二至三年,博士研究生教育的基本修业年限为三至四年。非全日制高等学历教育的修业年限应当适当延长。高等学校根据实际需要,报主管的教育行政部门批准,可以对本学校的修业年限做出调整"。纵向比较,可以看出高等教育从开始的预科、本科、研究科发展到现在的专科、本科、硕士研究生、博士研究生,体系更加完善,制度也愈加规范。

高等学校中一般采取课堂教学的方式开展教学,实习、实验等具有"做中学"的特点。

（四）传承目的

与其他传承模式相比，学校教育传承模式的传承目的具有其独特性。如"浙江蚕学馆表"中明确指出"大旨以除微粒子病，制造佳种，精求饲育，传授学生，推广民间为第一义"，也就是说从一开始，我国蚕桑学校教育就以教学、研究、推广为其主要目的。现阶段，国内某著名蚕桑研究所也明确指出，"将研究所建设成为国内一流、国际先进的、开放型的知识创新和人才培养基地""振兴蚕丝科技、产业和文化"，其中，也明确指出"知识创新""人才培养"以及"振兴蚕丝科技、产业和文化"。从中可以看出，蚕桑学校教育传承模式的目的主要表现在进行蚕学研究、传承蚕桑科技、推广研究成果等三个方面。

二、案例分析

（一）"浙江蚕学馆"案例分析

中国是在鸦片战争之后，面对"数千年来未有之大变局"，以"师夷强技以自强""物竞天择，适者生存"的思想和心态，引进西方近代科学的。"能否让这个国家迅速富强是衡量一切思想价值的唯一尺度"，所以接触伊始便有明显的救亡图存的痕迹，反映在对待科技的态度上便是注重实践应用，"只有具有工具性效果的东西才可能被接受"[①]。

具体到蚕桑科技，自鸦片战争前后开始大规模贸易往来以后，国外市场对丝、绸需求不断加大，在一定程度上刺激了国内蚕桑业的发展，但家蚕微粒子病的肆虐对我国蚕桑业形成了致命的冲击，包括康发达在内的当时的有志之士为解决该问题，重振我国蚕桑业提出了不同方案。相关因素促进了对西方近代蚕桑科技的借鉴和吸收。

浙江蚕学馆，作为中国第一所蚕桑学校，便是在这样的大的时代背景下，由杭州府林迪臣太守发起成立的。

《浙江蚕学馆表》（以下简称《表》）和《设立养蚕学堂章程》（以下简称《章

---

① 杜维明，黄万盛.启蒙的反思[J].开放时代.2005（3）：8.

程》)是当时成立蚕学馆的重要文件,属于研究浙江蚕学馆的一手文献资料,具有重要的价值和意义,本节主要依据这两份文献进行讨论。

1.学馆宗旨

"表"中明确指出,学馆"大旨以除微粒子病,制造佳种,精求饲育,传授学生,推广民间为第一义"。在《章程》中则指出,"学生学成后,即分带仪器,派往各县并嘉、湖各府,劝立养蚕工会,以为推广"。两份资料均明确强调解决蚕桑生产中存在问题、传授并推广知识和技术,具有很强的实践性。

2.办学条件

建馆之初,学校主要设立在杭州,校址在杭州西湖金沙港,校舍"屋基估地十亩。前考种楼、饲蚕所一座,上下计一十四间;茧室一座计五间,均仿东西洋蚕房式。后考种楼公廨一座,上下计二十间,东西宅舍三十间,储叶处三间,膳食庖舍门房共十二间,均仿华屋式"。校舍于光绪二十三年(1897年)九月初一日开始建设,于光绪二十四年(1898年)二月二十九日竣工。

有关仪器配备,《章程》中指出"广购六百倍显微镜,酌量经费,愈多愈好;并购一切仪器,及考验各药水",此外还有寒暑表、蚕子纸等。《表》中也指出"蚕具参用中、法、日三国所制"。

当时我国介绍近代西方蚕桑科技的专业书籍较少,针对这种情况,《章程》中明确指出"先行翻译日本蚕书图说,成书后要广印传播""中国图学久废,宜仿外国所绘种种蚕病,刊印成书,以资考验"。此外,学馆中还专门设有东文翻译一职,专门翻译日本国蚕桑科技书籍文献。

3.学馆组织及师生

学馆由总办、教习、馆正、馆副、东文翻译、出洋学生监督等组成。其中,教习、馆副各两名,其余各一名。学生学习的学制为三年。

建馆之初,因为缺乏熟悉、了解西方近代蚕桑科技的教师,所以一方面高薪延聘日本教习,另一方面派毕业学生出洋学习。在聘请教师方面,《章程》中指出应聘者"必精于蚕学,在外国养蚕公院给有凭据者,方能充选",并且强调"此最紧要,为全局之关键"。开馆之初,聘请前日本宫城县农学校教谕鹿儿岛县轰木长充任教习。

学馆学生由"考取额内""保送额外""出洋学生"三部分组成。其中,"考取额内"学生一次招三十名,不限本省外省,每月除供给伙食外,还发补贴三元。"保送额外"学生一次招二十名,每月由学生自贴伙食,不收学费。"出洋学生"除了每月由学馆供给伙食费、学费外,还发给补贴十元,留学生主要去日本、意大利等国。建馆伊始,只收男生。

4.开设课程

《表》中"教育大纲"部分罗列开设课程主要有:物理学大义、化学大义、植物学大义、动物学大义、气象学大义、土壤论、桑树栽培论讲义及实验、蚕体生理、蚕体解剖讲义及实验、蚕儿饲育法讲义及实验、缫丝法讲义及实验、显微镜讲义及实验、操种法讲义及实验、茧审查法讲义及实验、生丝审查法讲义及实验、害虫论。而《章程》中所列学生课程有:习用显微镜之法、蚕之安纳多米、蚕之费音昔讹乐际、访求百撒灵之病、蚕病缘由及防治蚕病法、养蚕之理如何合宜法。并且强调"须由教习手订"。课程设置较为合理,不仅包括栽培、蚕体生理解剖、饲育、缫丝、审茧、审丝等与蚕桑直接相关的课程,还包括物理学大义、化学大义等基础性课程,不仅包括理论课程还包括实验及实践课程。

5.蚕学馆功能及效果

如引文所述,蚕学馆"以除微粒子病,制造佳种,精求饲育,传授学生,推广民间为第一义",即蚕学馆功能主要体现在通过研究并解决生产实践中的问题、传授学生、推广技术等三个方面。

浙江蚕学馆曾培育纯种创制杂交新品种,研制的优良蚕种不仅国内各省前来预定,并且曾远输日本;截至1949年,该馆各类毕业生数累计1401人,培养了一批蚕桑、制丝专业技术人员,学生籍贯及工作地点遍布全国。1949至1977年间,培养丝绸技术人才1171名(不包括蚕科),非丝绸专业毕业生279名[1];该馆从1901年起通过分馆及养蚕社为农民检查土种病毒、消除蚕病,通过缫丝传习所传授缫丝新法。1925年至1926年,先后设立改良养蚕场17所,指导农民消毒、催青等技术,并在校设推广部。此外,本馆还翻译、介绍了大量的蚕桑科技书籍。

继浙江蚕学馆之后,一大批各类蚕桑学校在全国各地相继建立。"全国各省继杭州蚕学馆而创办蚕业教育等机构的,东至辽吉,西迄新川,南达滇粤,北抵陕甘。如广东蚕业学堂及农校蚕科,云南农业学校蚕科、福建蚕桑局蚕桑公学,湖北农务学堂蚕桑科,北京蚕桑讲习所,四川、贵州、湖南、新疆、河南、广西、南京蚕桑学堂,江苏浒墅关女子蚕业学校,山东、安徽、山西、陕西等农业学堂蚕科,吉林辽宁农事试验场蚕科等"。[2]

6.学校及专业变迁

随着社会不断发展,浙江蚕学馆自身也在不断变化。1908年,蚕学馆改名为"浙江中等蚕桑学堂",辛亥革命后改名为"浙江公立蚕桑学校",之后又先后改名为"浙江省立甲种蚕桑学校""浙江省高级蚕桑科中学""浙江省立杭州蚕丝职业学校""浙江杭州蚕丝职业学校"等。此外,1914年春,为了改良土丝,还开设了女子缫丝传习所,招收女子,传习缫丝技术,创办模范丝场五所。1925年,又设立改良养蚕场五所。1926年2月,在本校增设推广部,8月,在分校筹建缫丝部,改设养蚕、缫丝两个专业。

7.传承模式

浙江蚕学馆的案例表明,学校传承模式具有明确的传承主体、传承内容、传承目的,具有相对固定的传承方式。对传、承主体在管理上、数量上、学历上的明确要求,有效保证了传承的基础和效率。传承内容既包括桑树栽培、蚕体生

---

[1] 浙江省丝绸工学院.本省丝绸学校设置及历届毕业学生人数一览[J]//浙江省农业科学院蚕桑研究所资料室,浙江省嘉兴地区蚕研究所资料室.浙江蚕业史研究文集(第二集).湖州:湖州印刷厂,1981.24.

[2] 朱新予,求良儒.蚕学馆——中国第一所蚕丝业学校[J]//浙江省农业科学院蚕桑研究所资料室,浙江省嘉兴地区蚕研究所资料室.浙江蚕业史研究文集(第二集).湖州:湖州印刷厂,1981:12~13.

理解剖、饲育、缫丝、审茧、审丝等与蚕桑直接相关的课程,又包括物理学大义、化学大义等基础性课程,不仅包括理论课程,还包括实验及实践课程,与其他传承模式相比具有独特的优越性。课堂教学、实验、教学实践等方式,既保障了蚕桑科技内容的有效传递,又可以在传递过程中进行科学研究,更有利于将研究、教学与推广有效结合,实际上已经开启了所谓的"产、学、研"模式。

8.蚕桑科技学校教育传承模式

由以上的讨论我们可以总结出蚕桑科技学校教育传承模式如下。

表8-3　蚕桑科技学校传承模式

维度	内容	备注
施教者	教师	有严格的规章制度保障
受教者	学生	对学生的学业背景具有明确的要求;分职业教育学生、本科生、硕士生、博士生等不同类别和学段
传承内容	以各类课程为载体的蚕桑科技知识、技能	有学分、学时等一系列规章制度作保障;分科教学
传承方式	课堂传授、实验、实习、推广	"产、学、研"相结合的体制
传承目的	传承、研究、推广	

三、学校传承模式的特点

蚕桑科技学校传承模式的特点主要有:对教师的学术背景、学术能力,学生的教育背景、年龄等具有严格的要求。传承内容属于实验农学范畴,并且实施分科传承。学校按不同专业、不同学历阶段进行传承,传承方式主要包括课堂教学和实践教学。实行教学、科研、推广相结合,即通过教学传承知识,通过科研发展知识并解决实际生产中存在的问题,通过推广将科研成果运用到生产实践,并在实践中发现问题,反过来又为科研提供起点。如此,将教学、科研、推广三者有机结合,使三者相辅相成、相互促进,有效地推动了蚕桑科技、蚕桑业的发展。

第九章
蚕桑科技农业推广传承研究

　　清末民初,一种蚕桑科技传承的新模式——蚕桑科技农业推广传承模式开始出现。与劝课农桑传承模式相比,农业推广传承模式在活动组织、推广内容、推广目的等方面均有其独特之处。

第一节 农业推广

一、农业推广内涵

有学者认为"农业推广是指通过宣传教育或示范,引导农民采用先进的农业技术或科研成果,从而提高其劳动生产率"。[1]农业推广强调了推广技术或成果的先进性,并且以提高劳动生产率为其主要目的。1964年,在法国巴黎举行的国际农业会议上提到"推广工作可以称为咨询工作,可以解释为非正规的教育,包括提供信息、帮助农民解决问题"。1984年,由联合国粮农组织发行的《农业推广》中,也指出"推广是一种将有用的信息传递给人们(传播方面),并且帮助他们获得必要的知识、技能和观念来有效地利用这些信息或技术(教育方面)的不断发展的过程。推广工作的目标是使人们能够利用这些技能、知识和信息来改善生活质量。"[2]其中,突出了推广工作在咨询、信息传递等方面的特点,并明确指出其目标是能够利用所推广的知识、技能改善其生活质量。1993年7月颁布(2012年8月修订)的《中华人民共和国农业技术推广法》中指出,农业技术推广是指"通过试验、示范、培训、指导以及咨询服务等,把农业技术普及应用于农业生产产前、产中、产后全过程的活动"。其中的农业技术是指"应用于种植业、林业、畜牧业、渔业的科研成果和实用技术,包括:良种繁育、栽培、肥料施用和养殖技术;植物病虫害、动物疫病和其他有害生物防治技术;农产品收获、加工、包装、贮藏、运输技术;农业投入品安全使用、农产品质量安全技术;农田水利、农村供排水、土壤改良与水土保持技术;农业机械化、农用航空、农业气象和

---

[1] 章楷.我国古今农业推广事业述略[J].中国农史.1991(1):32.
[2] 转引自高启杰.农业推广的发展趋势与推广学的理论体系[J].古今农业.2007(1):18~19.

农业信息技术;农业防灾减灾、农业资源与农业生态安全和农村能源开发利用技术;其他农业技术。"①其中,既强调了咨询服务,又突出了先进技术的在生产全环节中的普及应用。此外,还有学者认为现代农业推广是一项"旨在开发农村人力资源的农村教育与咨询服务工作。推广人员通过沟通及其他相关方式与方法,组织与教育推广对象,使其增进知识,提高技能,改变观念与态度,从而自觉自愿地改变行为,采用和传播创新,并获得自我组织与决策能力来解决其面临的问题,最终实现培育新型农民、发展农村产业、繁荣农村社会的目标"。②该界定强调了推广对象的能动性,并关注通过知识和技术的传播促进推广对象的发展。

由上述界定可以看出,从最初的推广先进的技术或成果,提高劳动生产率,到信息传递、咨询服务,再到现阶段的开发人力资源的教育和咨询服务工作,农业推广传承模式的目标、功能得到了拓展和调整。与传统的劝课农桑蚕桑科技传承模式相比,农业推广传承模式往往是作为"产、学、研"中间的一个重要环节而出现的,二者在传承人员、传承目标、传承内容等方面都有明显的差异。

二、我国蚕桑科技推广发展概况

我国近代意义上的农业推广开始于19世纪末期。在一个多世纪的蚕桑科技推广的发展历程中,呈现出复杂、多样的局面,本节将按照时间顺序进行简要梳理讨论。

"从19世纪末到20世纪初的二三十年中,我国的农推事业主要在棉、蚕二方面,由棉纺企业和丝茧厂商所推动,并提供经费"③。当时,全国性的蚕桑生产管理工作,初由农矿部,后来改由实业部负责。1929年,当时的农矿部公布检查改良蚕种暂行办法,与之相应,在实业部内设立了中央农业推广委员会,其中包含了蚕业工作。1935年2月,公布了实业部上海商品检验局蚕种检验施行细

---

① 中华人民共和国农业技术推广法[S].[DB/OL].(2019-06-24)[2019-12-02].http://www.gd.gov.cn/zw-gk/zcfgk/content/post_2520697.html.

② 高启杰.农业推广学(第二版)[M].北京:中国农业大学出版社,2008:7.

③ 章楷.我国古今农业推广事业述略[J].中国农史.1991(1):34.

则。1936年2月,公布蚕种制造条例。1936年8月,公布修正实业部商品检验局生丝检验施行细则。在蚕种、蚕丝检验上形成了一整套相对完整的制度,对保证蚕桑生产和产品质量起到了一定的作用。抗战时,中央农业推广委员会裁撤,另设农产促进委员会,直属于行政院,是负责农业推广的专业机构。而各省成立农业改进所,各县设立农业推广所。1941年,国民政府制定并颁布《县农业推广所组织大纲》,不少县还成立了中心推广站。从中央到地方形成了一个相对健全的农业推广系统。除此之外,还有"全国经济委员会蚕丝改良委员会",是20世纪30年代中后期全国性的蚕桑业改进领导机构。1934年1月30日,国民政府在全国经济委员会内成立蚕丝改良委员会,目的在于指导全国蚕桑丝茧等业,以改进蚕丝质量。其主要工作就包括蚕桑技术的指导,在江苏、浙江、湖北、安徽、四川等省推广改良蚕种,指导养蚕。

科研院所在蚕桑技术推广过程中也起到了重要作用。1931年,国民政府实业部还成立中央农业实验所,1933年增设蚕桑系,这是我国政府最早建立的中央级蚕业科研机构。当时工作主要有蚕品种选育、蚕病防治研究、蚕品种杂交分离研究以及桑品种比较研究等。在全国范围内收集各地方蚕品种进行比较实验,规模相对较大。1937年,该机构内迁重庆继续研究工作。与之对应,各省还设有地方性的蚕业研究机构负责或参与当地蚕桑技术推广工作。

1949年以后,我国农业推广体制经历了四次大的改变:1952—1954年,建立以县级农场为中心,互助组为基础,农技员、劳动模范为骨干的技术推广体制。1955—1956年,以区农技站为主体的推广体制。1966—1978年,建立以"四级农科网"(七十年代全国各地成立县办农科所、社办农科站、大队办农科队、生产队办农科组,形成了"四级农科网")为主体的推广体制。1979年以后,建立以县农技中心为龙头,乡、镇农技站为纽带的五级农技推广组织体制。五级农技推广组织体制主要特点是政府领导农业推广,各级农业技术推广机构受同级农业行政部门的领导,又受上级技术推广机构的指导。1993年7月2日,《中华人民共和国农业技术推广法》的正式颁布,标志着我国的农业科技推广工作进入了一个新的发展阶段。

第二节　蚕桑科技农业推广传承模式及特点

接下来将从施教者、受教者、传承内容、传承方式、传承目的等五个方面讨论蚕桑科技农业推广传承模式及特点。

一、蚕桑科技农业推广传承模式

(一)施教者

蚕桑科技农业推广过程中,作为科技信息主要输出者的培训方,根据分工的不同也可以分为推广活动的组织者和科技培训者,由于活动的组织单位、组织者对于传承模式具有重要的影响,所以在此也将其列为技术的传授者。

从我国开始近代意义上的农业推广活动开始以来,农业推广的组织单位、组织者几经变迁,参与的机构曾包括相关公司企业、政府相关机构(实业部、农业部、科技局等)、蚕桑学校、蚕桑科研单位等。19世纪末到20世纪初,推广活动主要由丝茧企业组织。当然,这一时期的蚕桑学校也参与相关推广活动,但其规模一般较小。20世纪20年代,实业部及其下设中央农业推广委员会是负责农业推广的专门机构。1949年以后,我国农业推广主要是由政府组织领导。1993年7月颁布的《中华人民共和国农业推广法》中明确指出国务院农、林、渔业等部门按照各自职责,负责全国范围内相应推广工作。县级以上地方政府农技推广部门在同级政府领导下,按各自职责,负责本行政区的有关农技推广工作。

在笔者的调查过程中发现,近年来在山西、贵州、江苏、浙江等地的蚕桑科技推广活动均出现了由科技局(农技推广站、农业局、蚕桑服务中心)、高校(科研单位)以及丝茧企业、丝绸企业联合发起、组织的局面。这种整合了各方技术、资金力量的组织方式,可以解决以往主要由政府组织时在资金、技术等方面相对欠缺的不足,更能保障推广活动顺利、有效地进行,同时也使推广活动更具有针对性,大大提高推广效率。

在我国的蚕桑科技推广活动中,直接的技术传授者主要包括高校或科研单位的科研人员、相关推广机构的技术人员、农民技术员、劳动模范等。调查中发现,现阶段在基层的推广机构中出现技术人员断层的现象,主要表现在:蚕桑技术人员数量不足,不能满足推广活动的需要;技术人员年龄老化,没有能够及时补充年轻的人才等。这些现象影响了蚕桑科技的推广传播,对于蚕桑科技推广的可持续发展具有不利的影响。

(二)受教者

与蚕桑科技信息传授者相对多元的现象相比,信息的承习者相对单一,主要是直接参加种桑、养蚕生产活动的蚕农。当然,在蚕桑科技传播过程中,他们作为信息的接收者,从传授者那里获得相关的技术及生产信息,同时,他们又可能在生产过程中传播所习信息。如此,作为蚕桑生产者的他们,既是承习者,又可能是传授者,进而将相关技术进行最大程度地传播,促进了蚕桑技术推广的效率。

调查中发现,由于蚕桑生产活动自身特点及其经济效益等原因,我国现阶段从事蚕桑生产,特别是种桑、养蚕生产环节的劳动者的年龄相对较大。不少被调查的技术人员反映,由于年龄及思想方面的原因,生产者接受新技术、新信息相对较慢,特别是如果新技术需要资金投入时,在推广过程中遇到的阻力会更大。蚕农年龄结构老龄化同样不利于蚕桑生产的可持续发展。

(三)传承内容

随着社会分工的发展,当前蚕桑生产实践中,由农户参与的环节主要集中在种桑、养蚕两个部分,所以农业技术推广的范围也主要集中在这两个方面。

在一个多世纪的蚕桑科技推广过程中,随着时代和科技自身的发展,所传播的内容也在相应的发生变化。此处可以从两个方面进行讨论：一是由于蚕桑科技的不断发展而带来的科技内容自身的更新和变化；二是随着时代的发展，蚕桑科技推广内容已由原来相对单一的蚕桑科技知识、技能，拓展到科技知识、技能以及相关的政策、法规、市场信息甚至包括农民生活相关的其他信息。

调查发现推广部门和组织往往在综合考虑科技、经济效益以及推广地的实际情况的基础上，尽量选用最适合的技术和设备，这也就间接决定了推广的内容。当前，科技推广的内容主要包括新培植的桑树品种、蚕种、方格蔟、大棚育蚕技术等。

下表是某研究机构的科研人员在桑树品种推广培训中培训内容的提纲。

表9-1　桑树品种及其推广应用

一级标题	二级标题
一、桑树良种的要求与标准	1.叶质优；2.抗当地主要的传染性病害和多发虫害；3.农艺性状好
二、我省桑树优良品种的选育和推广概况	1.品种介绍；2.农桑系列品种；3.栽植密度与树形养成；4.品种选择及种植比例；5.施足肥料，充分发挥品种高产潜力；6.田间管理；7.加强桑园除草、灌溉工作；8.桑叶收获与间作；9.桑园病虫害防治（9.1桑树病害；9.2桑树虫害；9.3农药除虫和注意事项）；10.桑流胶病；11.辨明品种，防止品种混淆

注：该表格是笔者根据某研究机构的科研人员在推广培训中培训PPT整理而来。

该表格是有关"桑树品种及其推广应用"的培训提纲，从表中可以看出内容涉及桑树良种的标准、该省优良桑树品种的选育和推广，具体涉及了培植、施肥、田间管理、桑叶收获、病虫害防治等内容，对于农户桑苗选择、桑园管理具有很强的指导价值和意义。

该案例是蚕桑科技推广中的一个个案，该类推广内容往往对症下药、针对性强，所讲知识能够较好解决蚕农的实际问题。此外，在多数蚕区，由于连年进行跟踪式培训，所以培训内容环环相扣、步步深入，相关知识既有前期基础，又能及时补充最新前沿，能够起到较好的培训效果。

随着时代发展,蚕桑科技传承内容除了前文所说具体的科技知识、技能以外,现阶段还拓展到了相关政策、法规、市场信息等(具体见后文案例研究)。

(四)传承方式

蚕桑科技推广中知识的传播是由相关机构的技术人员,通过试验、示范、培训的方式,将先进的技术逐渐推广。在推广过程中,所采用的方式主要有参观学习、集体培训(讲座)、通过养蚕示范户的示范以及远程教育等方式进行推广。如贵州某县仅2006年度就先后组织农户到广西学习小蚕共育及养蚕技术25人次,实地参观学习80人次。在当地还举办了种桑养蚕技术培训12期,培训蚕农5000人次以上。此外,很多县还建立了远程教育促进"一户一技能"种桑养蚕培训基地,通过远程教育的方式实现了有限资源的共享,进一步提高了技术推广的效率。

(五)传承目的

自我国开始进行现代意义上的蚕桑科技推广以来,推广先进技术,促进蚕桑产量,获取经济效益便一直是蚕桑生产最主要的目的之一,该目的也间接地成为相关科技传承的最主要的目的之一。现阶段,无论是茧丝绸公司、企业,还是相关的机构部门,以及一线的蚕农都将经济效益作为其最主要的生产目的。调查过程中,随处可见的"学好专业,走致富路""大力发展种桑养蚕业,加快我县脱贫致富步伐"等标语也从一个侧面说明这一问题。

(六)"某县蚕桑服务中心"个案分析

蚕桑是该县的传统产业。近年来蚕桑业又取得了较快发展,该县成为全国"东桑西移"基地建设达标县,2005年被国家标准化委员会授予全国唯一的"蚕桑生产标准化示范县"。与此同时,由该县蚕桑服务中心具体组织实施的蚕桑技术推广也取得了较大的成绩,仅2008年一年时间,该县就发种72136张,推广小蚕共育棚1062套,推广方格蔟1111171片。该县的蚕桑服务中心的蚕桑技术推广活动具有较强的代表性。

1. 施教者

该蚕桑服务中心负责全县的蚕桑业发展的各项具体事宜,具体包括新技术、新设备的开发及推广,推广活动的组织实施,技术人员的延聘等。

蚕桑技术推广过程中的技术传授者包括外聘专家、服务中心的技术人员以及在推广过程中培养起来的农民技术员。2004年春季,该中心邀请陕西省蚕业研究所育种专家对该县12个村的蚕农进行了全方位的蚕种制作技术培训。同年秋季,又组织该县各乡镇蚕管员、养蚕大户进行栽桑养蚕新技术的系统培训。

2. 受教者

在蚕桑技术推广过程中,蚕农作为培训对象,是主要的技术承习者。

3. 传承内容

该蚕桑服务中心注重先进技术、设备的研发和引进,其传承内容也主要是相应的技术。

为了解决小蚕发病率高的难题,该服务中心与科研机构、公司联合研制了具有全国先进水平的温湿自控小蚕共育新技术。为了加快推广这一新技术,在2008年春季召开温湿自控小蚕共育新技术现场培训会,并为蚕农垫资购置数字化小蚕共育棚,促进了这一新技术的推广应用,大大提高了蚕茧单产。此外,该机构还及时引进推广了陕桑305、农桑12、农桑14等高产优质桑树新品种,引进推广了塑料大棚养蚕、方格蔟自动上蔟等省力化养蚕新技术。

4. 传承方式

在大棚的推广上,该中心采取了以点带面的措施。在不同乡镇抓示范,成立了以中心主任为组长、副主任为副组长的项目实施领导组,并抽调技术骨干分别驻村,实行技术承包。2003年,全县共示范大棚1659栋,平均单产达到51公斤。

为了引导蚕农转变观念,2003年蚕桑服务中心采取措施主要有:向广大蚕农发放公开信5万多份,大力宣传蚕桑发展政策;在发种前后,通过在电视台大力宣传,号召蚕农抓住机遇,增收致富奔小康;抓住当年蚕茧市场大幅度回升的机遇,通过各种媒体大力向蚕农宣传蚕茧价格上升的信息,加大栽桑宣传工作的力度,调动蚕农栽桑积极性;同时,通过组织部分乡镇、村到邻近县市参观密植桑园。

此外,该中心还积极开展对外交流。2005年10月,该蚕桑服务中心全体科技人员赴全国第一养蚕大县——广西宜州市考察学习;2007年10月,全体技术人员50余人赴山东青州蚕种厂参观学习。

图9-1　种桑养蚕宣传标语,2009年6月,作者拍摄于贵州

从以上材料可以看出,该服务中心在蚕桑技术推广过程中的技术传承方式主要有:聘请相关专家开展技术培训;通过电视台、杂志、传单等媒体进行宣传;示范交流;抓住先进典型,以点带面,环环辐射。通过不同传承方式,使蚕桑技术推广取得了较好的效果。

5.传承目的

如前所述,追求经济效益是蚕桑业发展的主要目标之一(如该中心提出的"新技术+新品种+专业化+规模化=高效益"发展之路),继而,该目标也就成为其技术传承的主要目标之一。对蚕桑技术的研制、引进、推广等都起到了巨大的影响作用。

由以上可知,该县蚕桑服务中心已经不单单是狭义的蚕桑技术推广,推广内容还包括了与蚕桑技术相关的政策宣传、仪器药品选购等各项服务。例如:在该县政协会上提出对蚕桑进行直补的议案,县政府对每张蚕种直补5元;通过电视台做广告、印发宣传资料等多种渠道把市场信息传达给农民;注重对蚕农进行蚕桑技术培训;解决蚕农零星养蚕卖茧难的问题,通过建立小型蚕茧收烘站,实行长年发种、常年收购鲜茧,解决了蚕农的后顾之忧;通过成立养蚕大户协会,充分分析市场,稳定蚕茧价格等。这说明我国蚕桑技术推广也已经由狭义的技术推广逐渐演变到技术推广与信息服务相结合的形式,与之相对应的相应技术、知识的传承也不仅仅限于单纯的蚕桑技术。

通过以上讨论,我们可以总结出农业推广模式如下。

表9-2　蚕桑科技农业推广传承模式

维度	内容
施教者	研究机构、高校专家,蚕桑技术员,农民技术员等
受教者	蚕农
传承内容	种桑养蚕相关技术,例如桑树培植、管理,大棚育蚕技术等
传承方式	技术培训、交流学习、媒体宣传、先进典型辐射、书籍、网络
传承目的	经济效益是其主要目的之一

三、农业推广传承模式特点

农业技术推广传承模式有以下特点。

推广组织机构多元,推广过程中实现了各种技术力量的整合。技术传承有一系列的法律法规的支持。技术传承逐渐限于种桑、养蚕环节,具有较强的针对性。从纯粹的先进技术推广,逐渐过渡到先进技术传承与相应的信息的传播相结合。

上文指出农业技术推广即"引导农民采用先进的农业技术或科研成果,从而提高其劳动生产率",所以,在农业技术推广活动中传承的都是相对比较先进的技术,对于信息接受者而言都是新鲜的内容,该模式很少传授相对常规的技术。当然,这里存在一个问题,即先进技术本身是一个相对的概念,对一个地区是先进的,对另一个地区不一定是先进的,反之亦然。

与农业推广含义演变相一致,蚕桑科技推广的内涵也在不断发生变化,其推广的内容也由最初的纯粹的相关技术已经演变到相关技术、政策法规信息、市场信息等相结合。

第十章
蚕桑科技器物民俗传承研究

　　中国乃"声明文物之邦""文物以纪之,声明以发之"[①],在漫长的历史岁月中形成了璀璨绚烂、丰富多样的文化。古人讲"化民成俗",既有将我民族核心价值理念化为风俗礼仪而为普通人所熟知、遵循、践行,也有将价值理念物化成为各式器物而为百姓日用。一般认为文化包含器物、制度和观念三个层面,也有将文化分为器物、制度、技术、风俗、艺术、理念和语言等多个维度。[②]本章将主要从器物与风俗两个方面讨论蚕桑科技传承中器物风俗传承模式。

---

① [春秋]左丘明.左传·桓公二年[M]//[清]阮元校刻.十三经注疏.北京:中华书局2009:3784.

② 卢凤.论生态文化与生态价值观[J].清华大学学报(哲学社会科学版).2008:(1).

第一节　蚕桑知识相关的器物

从文字、图画、出土文物以及风俗习惯中,可以发现大量与蚕桑知识相关的内容,而且这些内容丰富多样,几乎涵盖了传统蚕桑知识的方方面面。这些文物、风俗对于蚕桑知识起到了普及、传承的作用,同时也为后世研究传统蚕桑知识提供了实物或理论证据,具有重要的价值和意义。

出土及流传下来的器物数量庞大、种类繁多,本部分将分蚕蛹雕塑、纹饰绘(壁)画、蚕桑雕刻三部分进行讨论:

一、雕塑及文物

1953年,安阳大司空村发掘的殷墓,其随葬器物就有蚕形玉,长3.15厘米,白色,扁圆长条形,共有七节,保存完整;[①]山西芮城西王村仰韶文化遗址曾出土过陶蚕蛹。[②]类似的雕塑散见于各地的博物馆之中,数量非常丰富。玉蚕被作为殉葬品在商周时期墓葬中曾多次出现,反映了当时蚕桑生产的盛况及习俗。

图 10-1　西阴村遗址,2019年4月,作者拍摄于山西夏县西阴村

2012年7月至2013年8月,在成都金牛老官山地区一处西汉古墓出土了四台蜀锦提花机模型,据考证其制作时间为西汉景武时期。[③]研究人员通过该模

---

① 马得志,等.1953年安阳大司空村发掘报告[J].考古学报.1955.(9).

② 中国科学院考古研究所山西队.山西芮城东王村和西王村遗址的发掘[J].考古学报.1973(1):64.

③ 成都文物考古研究所 荆州文物保护中心.成都市天回镇老官山汉墓[J].考古.2014(7):69~70.

型复制出了汉代的"五星出东方"织锦。[1]该出土织机模型传递了汉代前期的织机信息,使我们能够准确了解到当时人们的丝绸织造具体方法和过程,具有重要的价值和意义。

二、绘(壁)画

将蚕桑生产程序及场景绘制成图,刊散民间或者作为器物装饰,具有知识推广和普及的作用。

唐长安人张萱所绘,现藏美国波士顿博物馆的《捣练图》,画面分三节,分别描绘了在砧上打丝绢、检查缝修、熨烫等制作丝绢的劳动场景。此画描绘的是蚕桑生产过程中的制作丝绢的场景,反映了唐代生产及工艺概况,从中我们可以知道当时制作丝绢的大概流程以及具体的工艺技术和操作。

宋人楼璹所绘《耕织图》被誉为"我国最早完整的纪录男耕女织的画卷""世界上第一部农业科普画册"。楼璹时为临安於潜县令,"笃意民事,慨念农夫蚕妇之作苦。究访始末,为耕、织二图。耕,自浸种以至入仓,凡二十一事;织,自浴蚕以至剪帛,凡二十四事。事为之图,系以五言诗一,章章八句,农桑之务,曲尽情状。虽四方习俗,间有不同,其大略不外于此"。[2]该图原本已失,其诗流传,今尚存其《织图》(即今所谓《蚕织图》)摹本。该图由二十四个画面组成,描绘了当时养蚕、缫丝、纺织、提花等蚕桑生产完整流程及场景,为后世保存了当时的各类机械设备的图样,对于今日研究我国蚕桑科技史及相关文化具有重要的意义和价值。

表10-1 楼璹《蚕织图》诗目[3]

序号	名称	序号	名称	序号	名称	序号	名称
1	浴蚕	7	分箔	13	下簇	19	络丝
2	下蚕	8	采桑	14	择茧	20	经
3	喂蚕	9	大起	15	窖茧	21	纬

① 李梓萌.老官山汉墓织机[J]//上海博物馆编.70件文物里的中国.上海:华东师范大学出版社,2019:100.
② [宋]楼钥.耕织图诗·序[M].吴晶,等点校.北京:当代中国出版社,2014:55~56.
③ [宋]楼钥.耕织图诗·序[M].吴晶,等点校.北京:当代中国出版社,2014:4~5.

续表

序号	名称	序号	名称	序号	名称	序号	名称
4	一眠	10	捉绩	16	缫丝	22	织
5	二眠	11	上蔟	17	蚕蛾	23	攀花
6	三眠	12	炙箔	18	祝谢	24	剪帛

此后的元、明、清历代均有《耕织图》问世，尤以清代较为突出，康熙、雍正、乾隆、嘉庆、光绪朝均有出现，既有宫廷御制，也有地方自制，既有绘画，也有石刻、木刻、瓷器图饰，形式多样、内容广泛，起到了一定的普及宣传作用。值得注意的是，后世的《耕织图》在内容上有所变化。

此外，在汉代的墓葬中还发现了不少蚕桑生产的绘画，为我们了解、研究当时的蚕桑生产、蚕桑技术提供了最直接的材料。1971年，在内蒙古呼和浩特市的和林格尔县发现的汉代壁画墓中，后室的全部南壁画了一幅庄园图，其左上部有女子在采桑，另外还有一些筐箔之类的器物，反映了庄园中有蚕桑生产。[1] 1972年，在甘肃嘉峪关市的戈壁滩上东汉晚期砖墓内，发现大量有关蚕桑、丝绢的彩绘壁画和画像砖。其中，有采桑女在树下采桑，有童子在桑园门外轰赶飞落桑林的乌鸦，还有绢帛、盛有蚕茧的高足盘、丝束和有关生产工具的画面。[2]

绘画、壁画基本真实反映了对应时代蚕桑生产的状况，其在科技传承方面的意义有：普及蚕桑生产知识和技能；为后世保存了研究蚕桑科技史、蚕桑文化的一手资料。

三、蚕桑雕刻

出土以及流传下来的文物中，与蚕桑相关的雕刻主要有青铜（骨）器雕刻、汉画像石（砖）刻以及屏风、墨锭等。

目前发现的此类青铜（骨）器主要有尊、鼎、壶等器物，其外侧或壶盖纹饰以蚕桑为主题，如：浙江余姚河姆渡新石器时代文化遗址中发现的盅形骨器上刻

① 吴荣曾.和格林尔汉墓壁画中反映的东汉社会生活[J].文物.1974(1).
② 嘉峪关市文物清理小组.嘉峪关汉画像砖墓[J].文物.1972(12).

有四条蚕纹[1]、收藏在湖南省博物馆的一件越式蚕桑纹铜尊、出土于四川成都的战国宴乐射猎采桑纹铜壶、出土于河南辉县的"采桑纹铜壶"等便是其中的代表。其中，越式蚕桑纹铜尊上的蚕形与甲骨文中蚕形图案相似，是目前为止"考古资料中仅见的年代最早的一张蚕桑生息图"。[2]以上文物同样传递了信息，为我们今天研究蚕桑科技史提供了实物证据。

图 10-2 东汉"纺织图"画像石，出工于江苏泗洪，2017 年 11 月，作者拍摄于南京博物院

出土的画像石刻，以东汉居多，其中有关纺织生产的部分，从纺织工具、生产技术、织物种类以及劳动场面等方面为我们提供了重要的实物信息和证据。例如，山东出土的九幅画像石刻《纺织图》均有织机图，其中五幅在织机旁另雕有纬车和络车，时间贯穿于整个东汉画像石刻兴衰全过程，为我们了解东汉纺织机械构造、纺织技术提供了实物信息和证据。在出土于成都市曾家包东汉墓画像砖上的"纺织、酿酒图"中可以看到，画中部左右各有一台由织妇操作着的织机，从结构来看左边织机应为当时比较先进的织锦机，右边机架平置在机床上，应为普遍使用的丝织机。一个作坊中同时存在两类织机，可以反映当时该地丝织业的发展水平。

图 10-3 东汉"纺织图"画像石（局部），出工于江苏泗洪，2017 年 11 月，作者拍摄于南京博物院

---

① 浙江省文物管理委员会浙江省博物馆.河姆渡遗址第一期发掘报告[J].考古学报.1978(1).
② 赵承泽.中国科技史纺织卷[M].北京:科学出版社,2002:11.

除了以上所列,还有一类雕刻虽然数量有限,传播范围有限,但也反映了某一群体对蚕桑生产的认识,具有一定的代表性。例如,承德避暑山庄"淡泊敬诚"殿内陈设的木刻耕织图屏风、康熙《御制耕织图》墨锭。

以上所列器物多具有某一方面的功用,其内容或纹饰中的图案、内容均是相关精神理念的物化,在流传、辗转过程中或使目睹者接受相关潜移默化的教育,或为后世研究提供实物证据,都对蚕桑科技的普及、传承起到了一定的作用。

第二节　蚕桑知识相关的风俗

英国人类学家马林诺夫斯基指出:"风俗是一种依靠传统力量而使社区分子遵守的标准化的行为方式。"[1]我国有学者认为所谓民俗或者风俗"是文化比较发达的民族,它的大多数人民在行为上、语言上所表现出来的种种活动、心态。它不是属于个别人的,也不是一时偶然出现的,它是集体的、有一定时间经历的人们的行动或者语言的表现"。[2]由此可知,风俗具有传统性、延续性、规范性、民族性等一些特征,对置身其中的人具有教育、规范的功能。接下来从神话传说、仪式、谚语等方面进行讨论。

一、神话传说

我国各地有很多与蚕桑相关的神话传说,以马头娘为例,《搜神记》中记载:

> 旧说太古之时,有大人远征,家无余人,唯有一女,牡马一匹。女亲养之,穷居幽处思念其父,乃戏马曰:"尔能为我迎得父还,吾将嫁汝。"马既承此言,乃绝缰而去,径至父所。父见马惊喜,因取而乘之,

① [英]马林诺夫斯基.文化论[M].费孝通,译.北京:中国民间文艺出版社,1987:30.
② 钟敬文.民俗文化学:梗概与兴起[M].北京:中华书局,1996:48.

马望所自来,悲鸣不已。父曰:"此马无事如此,我家得无有故乎?"亟乘以归。为畜生有非常之情,故厚加刍养,马不肯食。每见女出入,辄喜怒奋击,如此非一。父怪之,密以问女。女具以告父,必为是故。父曰:"勿言,恐辱家门,且莫出入。"于是伏弩射杀之,暴皮于庭。父行,女与邻女于皮所戏,以足蹙之曰:"汝是畜生,而欲取人为妇耶?招此屠剥,如何自苦?"言未及竟,马皮蹶然而起,卷女以行。邻女忙迫不敢救之,走告其父。父还求索,已出失之;后经数日,得于大树枝间。女及马皮尽化为蚕,而绩于树上,其茧纶理厚大异于常蚕。邻妇取而养之,其收数倍,因名其树曰桑。桑者,丧也。由斯百姓竞种之,今世所养是也。言桑蚕者,是古蚕之余类也……汉礼,皇后亲采桑,祀蚕神曰菀窳妇人、寓氏公主。公主者,女之尊称也;菀窳妇人,先蚕者也。故今世或谓蚕为女儿者,是古之遗言也。[①]

这些神话传说似乎与蚕桑科技并无直接相关,但是作为一种传说或信仰,对于人们了解蚕桑知识具有一定的影响,从这个角度而言,神话传说对于蚕桑生产乃至今日看来属于蚕桑科技范畴的知识、技术的传承普及都具有一定的推动作用和价值。

二、仪式

此处的仪式主要是祭祀蚕神的活动程序,具体可以分为民间和官方两类。

江浙一带,大多信奉马头娘,又名蚕花娘娘、蚕丝仙姑、蚕皇老太、马鸣(明)王菩萨等。嘉兴三塔茶禅寺有蚕神殿,蚕神名"先蚕福主",即群众所祀蚕花菩萨,春天烧香者甚多。蚕事开始后,几乎每一生产环节中蚕农都在家中进行祭祀。无锡村民在清明节敬蚕,斗山有盛大庙会,蚕家将蚕种窝在胸口,焚烧香烛,祈求蚕花娘娘保佑蚕茧丰收。在养蚕前须斋蚕神,在蚕台上贴蚕神像,以求保佑。有的在蚕台上挂一支桃头,以示驱邪。[②]

---

① [晋] 干宝.搜神记[M].明津逮秘书本.
② 林锡旦.太湖蚕俗[M].苏州:苏州大学出版社,2006:11-15.

德清县至今还流行着由蚕桑生产派生出的剪蚕花、扎蚕花、戴蚕花、呼蚕花、谢蚕花、轧蚕花、扫蚕花地、祭蚕神等众多的蚕花习俗。其中，"扫蚕花地"是一种带有仪式性的模仿养蚕生产过程的歌舞表演形式，表演者表演时身穿红袄红裙，头戴蚕花，发髻插鹅毛（蚕农掸蚕蚁的工具），左手托着铺红绸和插满蚕花的小蚕匾，右手执着饰有蚕花的道具"扫帚"，边唱边舞，边上有小锣小鼓伴奏。"扫蚕花地"唱词内容多为祝愿蚕茧丰收和叙述养蚕劳动生产全过程，如"三月（台格拉）天气暖洋洋，家家（台格拉）护种搭蚕棚。蚕棚（台格拉）搭在高厅上，

图10-4　蚕花五圣雕版，2017年7月，作者拍摄于中国丝绸博物馆

窗纸糊得泛红光……"表演者在唱的同时，还表演着扫地、糊窗、掸蚕蚁、采桑叶、喂蚕、捉蚕换匾、上山、采茧等一系列与养蚕有关的动作。在每段唱词中间，都有仪式化的扫地动作，外化出"扫蚕花地"扫出污秽、扫进吉祥的主题。舞蹈最后在表演者高举蚕匾，主家接过插满蚕花之蚕匾的高潮中结束。蚕农认为，只有在蚕房演过"扫蚕花地"，清除了浊气和污秽后，蚕房内的蚕神才会显灵。目前，德清县的《扫蚕花地》已被列入国家级非物质文化遗产。①

官方仪式要相对正式，对于时间、地点、受祭之神、祭祀之人、祭品、祭文等有一系列严格的规定，并且历代仪式有所损益。这类仪式一般由皇后亲自参加，也有由地方政府祭祀的。

无论是民间还是官方的仪式，都在举办的过程中从观念、程序、知识等方面对参与者起到了教育作用，对蚕桑知识的传播起到了推动作用。

三、谚语

我国劳动人民在漫长的农业发展过程中，积累了丰富的生产经验，并且以

---

① 祈求蚕桑丰产的歌舞习俗——"扫蚕花地".［DB/OL].（2009-12-20).http://www.dqwlw.com/info.asp?articleid=869.

简短的语言进行总结描述,口口相传,世代相袭,形成了大量的农谚,具有很高的价值和意义,其中很多至今仍然指导着人们进行农事生产。

"要养蚕,先栽桑",桑树为蚕提供食物,所以桑树管理在蚕事生产中具有重要的地位和作用,受到了高度的重视。相关谚语主要包括修枝、施肥、除草、防虫等多方面。如:小桑树,种一百,不如老桑树发一发(浙江);大旱三年,桑树冲天(河北);宁可桑树擦破皮,不要桑树剩块泥(浙江);有草无草,清明前三耖;麦撒苗,桑砍条(山西)等。

关于养蚕的农谚涵盖了从浴种到结茧整个过程,此外,还包括与蚕病相关的经验。例如:蚕靠种,麦靠垄(山西);二月清明蚕等叶,三月清明叶等蚕;头蚕不吃小满叶,二蚕不吃夏至叶,秋蚕不吃白露叶;养蚕养到小满上,养蚕娘子要吃糠;二眠顶重要,宁可勿困觉;眠大眠,考状元,大眠眠出,状元放出;若要蚕好,先要叶好;一口桑叶,一口丝。多吃一口叶,多吐一口丝;头眠僵,二眠光,三眠烂泥荡等;

蚕事生产与气候具有密切的关系,如:春分前后晴,桑叶加一成(浙江);做天难做三月天,秧要温和麦要寒,种田郎君要时雨,养蚕娘子要晴天(江苏);清明以前叶开笑,买叶的人向叶笑。清明以前一粒谷,买叶的人向叶哭;清明卤水冻,有蚕无处送;三月初三落(雨),落到茧头白;春东风,雨祖宗。夏东风,燥松松;三月十八起东风,家家门前养一蓬。①

蚕桑相关的农谚,基本都是蚕农在长期生产过程中对生产经验的总结,属于经验农学的范畴,对蚕事生产具有很强的指导价值。且由于地域不同、气候环境的不同,具有很大的地域特色。由于其简短、易懂,且几乎涉及蚕事生产的方方面面,所以容易世代相袭,在蚕桑科技的传承中具有独特的作用和意义。

四、诗歌

历代有大量和蚕桑生产相关的诗句,如:《诗经·豳风·七月》中有"……春日载阳,有鸣仓庚,女执懿筐,遵彼微行,爰求柔桑,春日迟迟……蚕月条桑,取

---

① 农业出版社编辑部.中国农谚[M].北京:农业出版社,1980:638-654.

彼斧斨，以伐远扬，猗彼女桑，七月鸣鵙，八月载绩，载玄载黄，我朱孔阳，为公子裳……"[1]其中，描写的便是采桑、纺绩、染色等过程，并且有相对应的时间。

《耕织图》题诗因为和图画结合，所以能起到更好的传播效果。《耕织图》题诗，宋、元、明、清历代均有，以康熙《御制耕织图》及《御制诗》为例，《耕织图》将蚕事生产分为23个程序，每个程序绘图并题诗，诗是对图做进一步的说明。《御制诗》是康熙本人

图10-5　耕织图（部分）

据图所题的一组诗，每首诗都对该环节的具体过程进行了描述，点出时间、器具、注意事项等内容，对于蚕事生产具有较强的指导意义。诗、图结合能够起到更好的传播知识的效果。

第三节　器物风俗传承模式及特点

一、器物风俗传承模式

根据以上讨论，我们可以总结蚕桑科技器物风俗传承模式如下。

表10-2　蚕桑科技器物风俗传承模式

维度	内容	备注
施教者		不定
受教者		不定

---

[1] 程俊英撰.诗经译注[M].上海：上海古籍出版社,2004：154.

续表

维度	内容	备注
传承内容	蚕桑科技知识、风俗仪式、蚕桑文化	蚕桑生产全过程或部分环节
传承方式	口口相传、观摩体悟、学习模仿	
传承目的	传递知识、促进生产、教化	

二、器物风俗传承模式特点

器物风俗传承模式具有如下特点。

第一,传授主体不一定都有明确的传授意识。鉴于该模式自身的特征,传授者并非都是有明确的传授意识,其所传递的信息往往是以相关器物作为信息载体被后世研究者"解读"出来的。例如,对于汉墓中的壁画、砖雕、石雕等,显然其主要功能是陪葬,是"事死如生"理念的反映,而对于蚕桑科技史的意义则是研究者"挖掘"出来的。

第二,接受主体往往是在潜移默化中逐渐接受。与劝课农桑模式、学校教育模式等具有相关的法律、条例、规则等做保障相比,该模式的接受主体多是一种自觉的行为,没有强制的外力驱使,多是在潜移默化中接受了相关的知识、思想、理念。如刻有《耕织图》的屏风,本是生活用具,让接触者在有意无意之间潜移默化地接受了相关的内容。诗歌、传说、仪式等也属此类。

第三,传授者与接受者之间不受时空限制。由于传授内容以器物、符号等为载体,可以脱离某一具体的时间、空间而独立存在,从而使传授者和接受者可以跨越时空,与学校教育传承模式中教师、学生受课堂环境所限制相比,这也是该模式独特之处。

第四,传承具有随机性、偶然性。由于没有相关因素的约束限制,所以该模式的传承行为具有很大的随机性、偶然性。如,同样一件《耕织图》,对于甲而言,可以从中了解到了蚕桑生产的各环节以及生产要素,体会到蚕农生产之不易,从而从事生产或更加珍惜劳动成果,而对于乙或许只了解到了生产环节,对于丙甚至可能只是从文学或美学角度进行欣赏。

第十一章
中国蚕桑知识传播模式演变研究

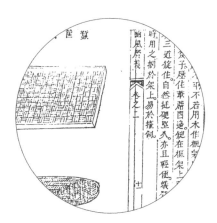

第一节　蚕桑知识传播模式演变

前文梳理了我国蚕桑知识传承中的"家庭传承""劝课农桑传承""作坊及工厂传承""学校教育传承""农业推广传承""民俗器物传承"等六种模式。在讨论过程中,我们还注意到不同模式存在的社会历史阶段并不相同,每个模式都有其产生、发展、式微的一个历程。那么,这些不同模式间的关系如何?不同模式间是否具有内在的联系?不同模式变化背后的原因是什么?本部分将具体讨论各模式间的关系,并进一步分析不同模式演变的原因所在。

一、蚕桑知识传承模式间的关系

不同的蚕桑知识传承模式都有其产生、发展、式微的过程,都与一定的社会历史阶段相联系,不同的传承模式可能存在于同一社会历史阶段之中,也可能分别存在于不同历史阶段。

我国家庭蚕桑生产具体始于何时,已很难考证,但春秋战国之际随着个体家庭的大量出现,家庭蚕桑生产进入了一个新的历史发展阶段,从《孟子·梁惠王上》所叙述"五亩之宅,树之以桑,五十者可以衣帛矣",便可见一斑。与之相应,自给自足的家庭蚕桑生产作为蚕桑生产的重要形式之一,在整个社会的蚕桑业生产中开始居于主要的地位。到了两宋,特别是明清之际,家庭生产的蚕桑制品除了上交赋税、满足自己需要之外,开始作为商品在市场上进行流通交换,原来自养自收、自缲自染、自织自绣、自缝自穿,自给自足的家庭全环节生产的局面逐渐开始衰落。近世社会转型之后,蚕桑业生产进一步分工,家庭蚕桑生产范围便基本上局限在种桑、养蚕两个领域,总体而言家庭蚕桑生产趋于式微。家庭生产范围的变化决定了蚕桑知识家庭传承内容及传承方式的变化。

就资料所及,至迟从汉代开始出现有准确文献记载的劝课农桑活动,自此,历代政府通过农业部门及各级政府官员大范围传播蚕桑科技知识。元、明、清三朝,蚕桑知识在传承内容、传承方式等方面均达到了一定的高度。近世社会转型之际,我国蚕桑知识传承中的劝课农桑模式也随着传统社会的终结而最终退出了历史的舞台。

我国自周朝开始就有专门负责蚕桑生产的机构设置,西汉时期的手工工场已经具有很大的规模,明清两代的织造局可以说是官营手工工场发展的最高峰。这些官营手工工场的生产主要是供皇家使用或赏赐之用,也正因如此,其生产所采用的技术相对先进。这些手工作坊中有更加精细的劳动分工。官营工场生产及传承方式随着清末织造局的结束而退出。一般认为,民间从宋代开始出现小规模的手工作坊,明清之际,在江、浙等丝绸生产中心,其数量及生产能力发展到一个高潮。这些手工作坊一般规模较小,所以只进行某一个或几个环节的生产,如缫丝、纺织、服装等。自19世纪中叶,我国开始出现近代缫丝工厂,进行机器作业生产,后来又相继出现了纺织工厂、印染工厂等。在近世社会转型前后,依靠机器生产的近代工厂与依靠手工生产的家庭手工作坊并存,并最终替代了后者。现阶段,工厂车间生产方式已经成了我国蚕桑业生产的主要形式。与蚕桑生产方式变化相应,蚕桑科技传承模式也经历了类似的变迁,现阶段公司企业中技术培训以及师徒制已经成为蚕桑科技传承的主要形式之一。

现代意义上的学校教育是近代社会的产物。我国第一所蚕桑教育机构——浙江蚕学馆,创办于光绪二十三年(1897年)。清末民初,我国出现了兴办蚕桑学校的高潮,全国各地陆续出现了一大批初等或中等蚕桑学校。现阶段我国已经形成了由本科专业、硕士专业、博士专业组成的相对完善的高等蚕桑教育体系,在教学、科研、生产等领域发挥着重要的作用,我国高等学校中蚕桑研究在世界上具有重要的影响。此外,近代出现的专业蚕桑研究机构、蚕桑学会等组织和机构在蚕桑知识传承中也起到了重要的作用。

我国近代意义上的农业技术推广源于19世纪末期,出现伊始,蚕桑技术推广就是农业技术推广的主要组成部分,并在不断的发展过程中形成了相对完善的推广机构和规章制度体系。随着农业技术推广的不断发展,其内涵也逐渐发生了变化,现阶段,蚕桑技术推广已由原来的推广先进技术、提高劳动生产率,发展到了集推广先进技术、宣传相关政策法规和市场信息、提供各种信息服务等于一体的活动。

蚕桑相关的农谚是我国古代劳动人民在漫长的蚕桑生产实践过程中积累的各类经验知识,并以简短的语言进行总结描述,口口相传,世代相袭,对蚕桑生产起到了一定的指导作用。民间风俗、仪式使参与者在潜移默化中受到影响和规训。随着社会的发展,以及现代蚕桑科技的发展,农谚、风俗、仪式等传承也在逐渐式微。

从以上对各传承模式发展历程的简短梳理,不难看出:

第一,蚕桑知识劝课农桑传承模式随着传统社会的结束而最终退出了历史的舞台,代之而起的是蚕桑科技农业推广传承模式。19世纪末期,蚕桑科技农业推广传承模式开始在我国出现,并逐渐取代了蚕桑科技劝课农桑传承模式。二者相同点在于:政府基本都作为组织者(或组织方之一)参与了生产及技术传播活动;蚕桑知识传承方式都以书籍、现场教学为主。其不同之处在于:农业推广活动的组织者除了政府相关部门,还有相关企业、高校、研究机构以及民间科学团体等;农业推广活动中的技术传授者主要由具有专业背景的蚕桑科技研究人员、技术人员组成;传承的蚕桑科技内容,前者主要属于经验农学范畴,而后者更多属于实验农学范畴;后者的传承方式更加多元,除了书籍、现场教学,还广泛利用网络、媒体等现代化传媒手段,实行远程教育;从传承目的来看,前者主要作为"农桑立国"中的一环而出现,后者则更多地关注经济效益。

第二,19世纪中叶,我国的蚕桑业领域开始出现以机器为主要工具的工厂生产形式,并在不断的发展过程中逐渐取代了传统的以手工为主的家庭手工作坊及手工工场生产形式,与之相应,蚕桑知识工厂传承模式也逐渐成为我国现阶段蚕桑知识传播的主要形式之一。1861年,外商开办了我国近代首家缫丝工厂。工厂生产的"厂丝"逐渐代替了手工作坊中生产的"土丝",工厂生产逐渐取代了作坊生产。工厂、手工作坊、工场中,相关技术传授都以师徒传授为主,工厂、企业中出现了现代技术培训活动,技术培训开始成为蚕桑科技传承的主要形式之一。随着生产技术、生产工具、生产内容的改变,传承内容也在不断发生变化。工厂生产分工更加明确,技术更加专业化,与之相应的技术传承也更加专业化。

第三,19世纪中后期,蚕桑科技家庭传承模式逐渐式微。家庭蚕桑生产曾作为我国蚕桑业主要生产形式之一,在漫长的历史过程中对蚕桑业发展起到了巨大的促进作用,家庭传承模式曾是蚕桑科技最主要的传播方式之一。19世纪中后期,家庭传承模式开始式微,主要表现在:由于社会分工的不断深入,家庭蚕桑生产范围逐渐萎缩;相关企业、农业部门及科研单位等以技术培训、指导的方式开始介入到现代家庭蚕桑生产过程之中。

现阶段蚕桑知识传承以学校教育、农业技术推广、工厂传承为主,知识传承和蚕桑业、蚕桑研究关系更加紧密,开始向专业化、系统化方向发展。

二、蚕桑知识传承模式关系分析

前文对我国蚕桑知识几种传承模式的关系进行了简单的梳理。纵向来看,随着历史的推移,学校教育传承模式、农业推广传承模式、工厂传承模式逐渐发展,并最终取代了曾居主导地位的家庭传承模式、劝课农桑传承模式、手工作坊传承模式。横向来看,家庭传承模式、劝课农桑传承模式、手工作坊传承模式作为主要传承方式所存在的历史阶段大致相当。同样,学校教育传承模式、农业推广传承模式、工厂传承模式等作为主要传承方式所出现的年代也大致相当。并且从传授者、传承内容、传承方式、传承目的等维度来看,家庭传承模式、劝课农桑传承模式、手工作坊传承模式等所涉及的传承内容主要属于经验农学范畴,传承方式相对单一。而学校教育模式、农业推广模式、工厂传承模式等所涉及的传承内容主要属于实验农学范畴,传承方式相对多元,传承目的也更加注重经济效益。这种转变主要发生在19世纪中叶到20世纪中前期我国社会转型的历史时期。

从世界范围来看,欧洲诸国从17世纪中叶开始进行工业革命,工业革命首先发生在英国,在发展过程中,英国社会自然而然地从农业社会逐渐转变到了工业社会。19世纪中叶,美国、德国、荷兰、比利时等国也相继步入工业社会。工业革命时代的到来,使经济活动的本质从商业资本主义向产业资本主义转化。后者的本质特征在于扩张,新技术的发展促进了产量的提高,并加强了对国内和国际新市场的开拓以及对海外廉价劳动力和物资的追求。欧洲的扩张、征服是与军事、商业利益紧密地结合在一起的。19世纪60年代到第二次世界大战期间,工业化不断深入。在这个过程中,科学技术在其中起到了巨大的推动作用。这样,起源于西欧的现代化便逐渐向全球蔓延。近代实验蚕桑知识也是在这样的背景下形成的,世界蚕桑产业中心、研究中心的变迁也与这个过程密切关系。

这一历史时期,我国开始面临"数千年未有之大变局",在内外力量作用下,原有经济、政治、文化等制度体系开始解构并逐渐重构,并由传统农业社会开始向近代工业社会转型。这是我国蚕桑生产方式、蚕桑科技传承模式发生转变的更深层次的社会历史原因。

此外,由于蚕病泛滥,我国生丝产量,特别是生丝出口受到重要冲击,这也是这一时期西方蚕桑科技引进和传播的重要背景之一。

三、传统蚕桑知识传承模式

一般认为,传统农业社会"以家庭或家族为社会的基本经济单位,从事农林牧副渔、手工业等生产,生产目的主要是为了满足家庭或家族生活的需要,而不是为了进行商品交换,重生产轻经营,重农抑商……分工不发达……除政权力量外,主要依靠风俗、习惯、道德和宗教等传统的社会文化规范来制约……"[1]

---

① 中国大百科全书总编辑委员会.中国大百科全书[Z].北京:中国大百科全书出版社,2009:17-67.

(一) 传统农业社会中蚕桑业的地位及作用

对于一个以农耕为主的民族,农业生产为人民生活提供了物质保障、满足了人们生存发展的基本需要,与此同时,也发展出了一套建立在农耕基础之上的体制、文化,形成了对应的农耕文明。

因此,历代政府多重视农桑,"以耕桑为立国之本",所谓"农事伤则饥之本也,女红害则寒之原也",在满足自给自足的家庭生产、生活基本需要之后,施以教化,便能够"仓廪实而知礼节,衣食足而知荣辱",亦即杨屾所谓"养之以农,卫之以兵,节之以礼,和之以乐,生民之道毕矣",由此,便可最终实现"农桑立国"。

接下来,将从经济、政治、军事、文化等角度分析农蚕桑在这个过程中的地位和作用。

1.经济

在传统农业社会,蚕桑产品可以作为赋税上缴国家,作为商品进行民间及国家间的贸易,同时还可以作为各级官吏的工资报酬。

在我国,将丝织品作为贡赋有很长的历史。《左传·哀公七年》记载,"禹合诸侯于涂山,执玉帛者万国"[1];《尚书·禹贡》中记载,兖州"厥贡漆丝,厥篚织文",青州"厥篚檿丝",徐州"厥篚玄纤缟",扬州"厥篚织贝",荆州"厥篚玄纁玑组",豫州"厥贡漆枲、绤、纻,厥篚纤、纩"。[2]从这些材料可以看出,远在大禹时代,丝织品已经开始作为贡物,并且当时全国九州之中至少已有六州能够大量生产丝织品。

后世政府对丝织类赋税往往都有明确的数量和质量方面的规定。建安九年(204年)曾规定"户出绢二匹,绵二斤"[3],这是以户为单位,以绢、绵为主要内容的户调制的雏形。西晋太康元年(280年),"制户调之式:丁男之户,岁输绢三匹,绵三斤,女及次丁男为户者半输。其诸边郡或三分之二,远者三分之

---

① [春秋] 左丘明.左传·卷二十九·哀公上[M].北京:线装书局,2007:699.

② 冀昀主编.先秦元典·尚书[M].北京:线装书局,2007:35—40.

③ [晋] 陈寿.三国志·魏书·武帝纪[M].北京:中华书局,2008:26.

一。"①亦即由一个丁男为户主之户,每年应缴3匹绢、3斤绵,以妇女和次丁男为户主之户上缴一半数额,边郡按照实际情况,或上交上述三分之二,或上交上述三分之一,明确规定了户调制的规程。唐朝时,"凡授田者,丁岁输粟二斛,稻三斛,谓之租。丁随乡所出,岁输绢二匹,绫、絁二丈,布加五之一,绵三两,麻三斤,非蚕乡则输银十四两,谓之调。用人之力,岁二十日,闰加二日,不役者日为绢三尺,谓之庸。有事而加役二十五日者免调,三十日者租、调皆免。通正役不过五十日。"②不同时期的征收形式、数量有所不同,但丝织品作为赋税有力支撑了经济的运转和国家的发展。

丝织品除了作为实物赋税上缴国家之外,还被用来以工资报酬的形式下发给各级官员,维持国家机构正常运转。长庆四年(824年)敕"近日访闻京城米价稍贵,须有通变,以公济私,宜令户部应给百官俸料,其中一半合给段匹者,回给官中所粜粟,每斗折钱五十文,其段匹委别贮,至冬籴粟填纳太仓。"这是一种"通变"之策,但很好地解决了当时的问题,因此"时人以为甚便"③。

除了作为赋税、工资,丝织品还用来作为贸易物品,换取所需各类物资。例如,在互市丝绸贸易中以丝绸易换少数民族的马匹。明初在辽东设马市,与蒙古族兀良哈三卫和女真族开展绢马贸易。永乐三年(1405年)上上等马每匹换绢8匹、布12匹,上等马每匹绢4匹、布4匹,驹马每匹绢1匹、布3匹。四年(1406年)冬,朵颜三卫地区饥荒缺粮,要求用马换米,明廷规定上等马每匹米15石、绢3匹,次上等马每匹米12石、绢2匹,中等马每匹米10石、绢2匹,下等马每匹米8石、绢1匹,驹马每匹米5石、布1匹。④此种贸易,为各自换回了所需的战略或生产物资,保障了社会的安定发展。

随着海外贸易的不断发展,丝绸作为主要商品之一在对外贸易中占到很大比例。乾隆十五年(1750年),经由粤海关输往欧洲诸国,丝绸数量如下。

① [唐]房玄龄,等.晋书·卷二十六·食货志[M].北京:中华书局,2008:790.
② [宋]欧阳修.新唐书·卷五十一·食货志[M].北京:中华书局,2008:1342-1343.
③ [宋]王溥.唐会要·卷九十二·内外官料钱下[M].北京:中华书局,1955:1667.
④ 范金民,金文.江南丝绸史研究[M].北京:农业出版社,1993L242.

表11-1　1750年中国丝绸输往欧洲各国数量表①

国名	英国	法国	荷兰	瑞典	丹麦	合计
生丝(担)	986	200	198	13	—	1397
丝织物(件)	5640	2530	7460	1790	809	18329

注:一件为100千克,一担为60千克。

到乾隆五十四年(1789年),中国对英贸易输出额中,丝占三分之一。

以上可知,丝织品从赋税、工资、贸易品等不同层面支撑着国家经济的运转。

2.军事

丝织品在军事方面的作用主要体现在战争赔款、供给军需两方面。

如《淮南子》记载:"昔者夏鲧作三仞之城,诸侯背之,海外有狡心。禹知天下之叛也,乃坏城平池,散财物,焚甲兵,施之以德,海外宾服,四夷纳职,合诸侯于涂山,执玉帛者万国。"②其中,玉帛作为重修于好的象征,为和平做出了巨大的贡献。此后,很多王朝都曾经将丝绸作为重要物资用以消解战端或犒赏军士:"靖康元年闰十一月初三日,上幸西壁,抚劳将士如前。……皇后亲用内府币帛,与宫人作拥项及衣被等,分赐将士。"③

此外,丝织品也作为物资供军队开支。史载天宝年间,一年的军费开支中纺织品(绢、绵、布等)共11000000匹缎。④宋承前代之制,调绢、绸、绢、布、丝、绵以供军需。大中祥符三年(1010年),河北转运使李士衡又言"本路岁给诸军帛七十万"⑤,从中可以看出军需耗资之大,同时也从一个角度反映了当时蚕桑生产能力。

① 朱新予.中国丝绸史通论[M].北京:中国纺织出版社,1992:348.

② [汉]高诱注.淮南子·卷一·原道训[M].上海:上海书店出版社,1986:5.

③ 丁特起编集.靖康纪闻[M].北京:中华书局,1985:5.

④ 朱新予.中国丝绸史通论[M].北京:纺织工业出版社,1992:183.

⑤ [元]脱脱,等.宋史·志一百二十八·食货上三[M].北京:中华书局,2008:4232.

3.政治

农耕民族在物质生产的同时,建立起一整套与之相适应的制度体系、思想文化。社会秩序、政治制度需要有一整套外在的物化的表现形式,而丝织物在其中起到了重要的作用。

太史公有言:"人道经纬万端,规矩无所不贯,诱进以仁义,束缚以刑罚,故德厚者位尊,禄重者宠荣,所以总一海内而整齐万民也……是以君臣朝廷尊卑贵贱之序,下及黎庶车舆衣服宫室饮食嫁娶丧祭之分,事有宜适,物有节文。"① 从中可知,用来"总一海内""整齐万民"的,由仁义、刑罚等构成的,用来明"尊卑贵贱之序""车舆衣服宫室饮食嫁娶丧祭之分"的规矩,其主要的外在物化表现形式之一就是一系列不同图案、颜色、制式的服饰、装饰,而这种服饰、装饰主要是由各类丝织品制成。

范晔在《后汉书》中指出:"夫礼服之兴也,所以报功章德,尊仁尚贤。故礼尊尊贵贵,不得相踰,所以为礼也,非其人不得服其服,所以顺礼也。顺则上下有序,德薄者退,德盛者缛。"② 通过外在的、物化形式的礼服从一个侧面展示了一整套抽象的"礼",人们在"礼"的框架体系中,各守其位,穿相应的服饰,不得僭越。如"故圣人处乎天子之位,服玉藻邃延,日月升龙,山车金根饰,黄屋左纛,所以副其德,章其功也。贤仁佐圣,封国受民,黼黻文绣,降龙路车,所以显其仁,光其能也。"一旦这种"礼"的体系受到挑战,则整个社会也将面临失序,所以,"周夷王下堂而迎诸侯,此天子失礼,微弱之始也"③。

这样的一整套等级分明的服饰礼仪制度的形成,经过了一个漫长的发展过程。"上古穴居而野处,衣毛而冒皮,未有制度。后世圣人易之以丝麻,观翚翟之文,荣华之色,乃染帛以效之,始作五采,成以为服。见鸟兽有冠角髯胡之制,遂作冠冕缨蕤,以为首饰。凡十二章。故《易》曰:'庖牺氏之王天下也,仰观象于天,俯观法于地,观鸟兽之文,与地之宜,近取诸身,远取诸物,于是始作八卦,以

---

① [汉]司马迁.史记·卷二十三·礼书第一[M].北京:中华书局,2008:1157-1158.
② [南朝·宋]范晔.后汉书·志第二十九·舆服上[M].北京:中华书局,2008:3640.
③ [南朝·宋]范晔.后汉书·志第二十九·舆服上[M].北京:中华书局,2008:3640.

通神明之德,以类万物之情'。黄帝、尧、舜垂衣裳而天下治,盖取诸乾巛。乾巛有文,故上衣玄,下裳黄。日月星辰,山龙华虫,作缋宗彝,藻火粉米,黼黻絺绣,以五采章施于五色作服。天子备章,公自山以下,侯伯自华虫以下,子男自藻火以下,卿大夫自粉米以下"。①

这样的服饰制度体系自形成之日起,便作为重要的典章制度一直延续到清季,仍在继承的基础上不断地设计、调整。虽历代服饰及其制度有所不同,但其神圣性不改,不能轻易变易。据史记载,"崇德二年(1637年),谕诸王、贝勒曰:昔金熙宗及金主亮废其祖宗时冠服,改服汉人衣冠。迨至世宗,始复旧制。我国家以骑射为业,今若轻循汉人之俗,不亲弓矢,则武备何由而习乎? 射猎者,演武之法;服制者,立国之经。嗣后凡出师、田猎,许服便服,其余悉令遵照国初定制,仍服朝衣。并欲使后世子孙勿轻变弃祖制"。乾隆三十七年(1772年)谕:"辽、金、元衣冠,初未尝不循其国俗,后乃改用汉、唐仪式。其因革次第,原非出于一时……凡一朝所用,原各自有法程,所谓礼不忘其本也。……如本朝所定朝祀之服,山龙藻火,粲然具列,皆义本礼经,而又何通天绛纱之足云耶?""盖清自崇德初元,已厘定上下冠服诸制。高宗一代,法式加详,而犹于变本忘先,谆谆训诫。亦深维乎根本至计,未可轻革旧俗。祖宗成宪具在,所宜永守勿愆也。"②

丝织物在政治上的作用,除了"分贵贱,别等威",还经常作为贵重礼品封赏番邦属国。

蚕桑生产及丝织品除了与上述经济、军事、政治等密切相关,在其发展过程中还形成了丰富灿烂的丝绸文化,限于篇幅,此不赘述。

(二) 传统蚕桑知识传承模式的价值和特点

蚕桑生产技术直接关系着各类丝织品的数量和质量,进而关系着与之相关的一系列社会机制的正常运转,而蚕桑生产技术的高低主要取决于两个方面:一是相关知识的积累;二是已有知识的传承。传统农业社会的蚕桑生产知识、

① [南朝·宋] 范晔.后汉书·志第三十·舆服下[M].北京:中华书局,2008:3661-3662.
② 赵尔巽,等.清史稿·卷一百三·志七十八·舆服二[M].北京:中华书局,1976:3033-3034.

技术属于经验农学的范畴,发展相对缓慢,所以相比较而言,已有知识的有效传承就显得更为重要。

不同的蚕桑知识传承模式与农业社会密切联系,其特点主要有:传统蚕桑知识传承模式所传承的内容属于经验农学范畴;家庭、作坊中的传承更多属于一种自然状态下的传承,很少有相关制度的规范和保障;传统蚕桑科技传承的目的主要是满足男耕女织的家庭生产,裕仓储、备凶荒,继而最终实现农桑立国。

四、中国现代蚕桑知识传承模式

随着我国社会由传统的农业社会向近代工业社会转型,其政治、经济、文化等都历经着深层次的重构。在此过程中,蚕桑业生产方式也在转变,蚕桑知识传承模式也随之发生变化。

(一)现代社会中的蚕桑业的地位和作用

纵观我国百余年蚕桑业、蚕桑科技的发展可以看出:在历经工业化的同时,属于实验农学范畴的近代蚕桑知识渐次取代了属于经验农学范畴的传统蚕桑知识,并且得到了长足的发展;在缫丝、纺织、印染等领域基本实现了机器化、规模化生产,蚕桑业的绝对产量、产值也在不断上升;但与农业社会相比,工业社会中蚕桑业的地位和作用渐趋式微。

近代以来,我国蚕桑业的发展主要体现在蚕桑科学的不断发展以及蚕桑业绝对产量、产值的增长两个方面。

蚕桑业作为中国传统产业,在传统农业社会阶段无论是蚕桑知识还是蚕桑生产都取得了巨大的成就。近代社会转型之际,中西农学开始大范围、深入、全面地接触,西方蚕桑科技逐渐被介绍到我国,并快速发展。

19世纪以前,中西传统农学基本都停留在生产经验描述的阶段,然而西方与农学相关的其他学科研究已经取得了巨大成就。随着不断发展,西方近代农业生产技术体系逐步形成。在植物学、动物学、遗传学、物理学、化学等学科发展基础上产生的育种、栽培、饲养、土壤改良、植物保护等农业技术体系逐步形成。我国19世纪末20世纪初开始翻译、介绍西方近代农学书刊,引进和应用西方农业科学技术,到20世纪30年代前后,近代农业技术体系基本形成。

我国近代蚕桑科技在近百年的发展过程中取得了巨大的成就,特别是近年来以"家蚕基因组框架图"为代表的科研成果在世界上具有重要的影响。此外,我国在蚕的基因组研究、生理机能研究及蚕的潜能开发、蚕的育种新技术——分子育种、遗传资源的基础研究、桑的组织培养和转基因研究、Bm-NPV载体系统与家蚕生物反应、家蚕病原病理研究等领域都形成了自身的优势。

除了在蚕桑科技研究领域取得的巨大成就外,在蚕桑科技的推动下,在国内外市场的刺激下,虽然受到战争、自然灾害的影响,我国蚕桑生产的绝对产量、产值在百余年间仍然得到了显著增长。

下面几组数据分别从丝、绸的产量、出口量等方面反映了我国蚕桑业的百余年发展概况。首先来看1919年到1988年间,我国丝、绸历年产量的数据:

表11-2 我国丝、绸历年产量统计表(1919—1988)[①]

年份	丝产量(吨)	绸缎产量(万米)
1919	13034	—
1929	16551	—
1939	—	—
1949	1798	5000
1959	10219	27400
1969	12994	35500
1979	29749	66345
1988	50516	168715

从表中可以看出,在1919年到1988年间我国生丝产量、丝绸产量总体呈现稳步增长的趋势,也就是说蚕桑生产的绝对产量、产值在不断增长。1939年前

① 数据来源:中国近代缫丝工业史[M],转引自 王庄穆.民国丝绸史(1915—1949)[M].北京:中国纺织出版社,1995:506;新中国茧、丝、绸历年产量统计表,新中国丝绸大事记(1949—1988)[M].北京:纺织工业出版社,1992:325-327.

后到1949年前后,因为日本侵华战争及国内战争的影响产量下降,1949年前后下降到最低点。1949年之后,开始稳步、快速增长。

接下来,两组数据展现的是1859年到1988年间我国丝、绸出口方面的数据。这些数据也从一个侧面反映了我国蚕桑业生产的变化。

表11-3　我国生丝输出量历年统计表(1859—1909)[①]

年份	输出量(公担)
1859	41050
1869	34683
1879	48834
1889	56099
1899	89571
1909	78493

从表中可以看出,在1859年到1909年间,我国生丝绝对输出量总体是呈上升的趋势。

表11-4　我国生丝输出总值历年统计表(1919—1988)[②]

年份	丝类(万美元)	绸缎(万美元)
1919	14240.3955	2188.4970
1929	9451.6057	841.4597
1939	3948.1572	432.5207
1949	53	164
1959	3492	7241.80
1969	7815	5090
1979	42672	26332.15
1988	55318	55407.72

[①] 数据来源:[日]石井宽治:《日本蚕丝业史分析》,转引自《中国丝绸史通论》,第376页;杨端穴,侯厚培:《六十五年来中国国际贸易统计》,转引自《中国丝绸史通论》,第378~380页。
[②] 数据来源:民国丝绸史(1915—1949)[M].北京:中国纺织出版社,1995:514~515;新中国丝绸出口历年收汇金额统计表,新中国丝绸大事记(1949—1988)[M].北京:纺织工业出版社,1992:328~330.

从该表可以看出,总体而言,我国丝、绸输出总值呈增长趋势。1919年前后,丝、绸输出总值均出现一个相对高峰,这和第一次世界大战期间,欧洲诸国受战争影响,而中国民族资本快速发展相关。1949年,丝、绸输出总值均降至最低,其原因主要是蚕桑业受到国内、外连年战争的影响,国外需求下降,国内蚕桑业生产的绝对总量下降。

2006年10月份,预计到该年底,中国桑园面积将达1200多万亩,年生产蚕茧1240多万担,养蚕农户近2000万户,蚕农收入120多亿元,丝绸工业年产值1600多亿元,产业工人近100万人,真丝绸产品出口创汇40亿美元。此外,我国茧丝绸产量与出口量连续20年占世界总量的70%以上。目前,中国蚕茧和生丝产量均占世界总产量的70%左右,生丝、丝绸出口量分别占国际市场贸易量的80%和60%左右。

(二)蚕桑业地位的相对式微

与蚕桑科技取得巨大发展、蚕桑业产量得到巨大提升形成鲜明对比的是,与传统农业社会相比,蚕桑业在现代社会中的地位逐渐式微。

在近世社会转型的过程中,在政治上追求民主、自由、平等,故而用来"分贵贱,别等威"的服饰体系,也失去了其存在的价值和意义。随着丝绸制品这种功能的丧失,再加上棉花产业大力发展,人造丝、化学纤维等纺织材料的大量涌现,蚕桑业在社会中的地位和作用也遇到了前所未有的挑战。蚕桑业从关系"立国之经"的地位逐渐演变成现代社会中普通的农业产业中的一种。

随着经济发展,货币逐渐取代实物在商品流通中的地位和作用,在传统农业社会蚕桑制品充当赋税、工资等功能也随着经济的发展而丧失。此外,1986年度,我国国内生产总值约为10275.2亿元,当年丝绸工业年产值约为85.84亿元。2006年,我国国内生产总值约为210871.0亿元,而当年丝绸工业年产值约为1600多亿元。前后对比,可以看出,我国丝绸工业产值与国内经济总产值变化步调基本一致,国内生产总值中丝绸工业产值比例略有下降。这从一个侧面反映了蚕桑业的发展态势。

由以上讨论可以发现,在近一百多年间,蚕桑科技取得了巨大发展,蚕桑业产量得到了巨大提升,但是蚕桑业的地位和作用却相对式微。形成这种反差的原因主要是,这一时期正是我国社会从传统的农业社会向近代工业社会转变的时期,并且这一过程仍将继续。在社会转型之际,其经济、政治、文化结构等都在历经一个彻底的从解构到结构这样一个重构的过程。传统的蚕桑产业虽然得到快速发展,绝对值得到大幅度提高,但是由于整个经济结构的变化,新兴产业的大力发展,使得其在国民经济中的比重反而下降。

(三) 现代蚕桑知识传承模式的特点

由于现代社会的经济结构、生产方式、科技发展等方面都与传统农业社会有着本质的区别,所以其技术传承也呈现出相应的特色,具体体现在:出现了集"产、学、研"为一体的专业传承机构;传承内容属于实验农学范畴,实行分科传承,传承日趋专业化、标准化;经济效益逐渐成为生产和传承主要目的。

五、蚕桑科技传承模式的演变

通过以上讨论可以发现,农业社会与工业社会中蚕桑科技传承模式的变化主要体现在以下几个方面:19世纪后半叶到20世纪初,开始出现专业蚕桑科技传承机构——蚕桑学校,蚕桑科技农业推广模式逐渐替代了劝课农桑传承模式,家庭传承模式开始式微,作坊传承逐渐过渡到工厂传承;传承内容逐渐由经验农学范畴过渡到实验农学范畴,蚕桑科技传承趋于专业化、标准化、系统化;经济效益逐渐演变成蚕桑业生产的主要目的,继而也成为蚕桑科技传承的主要目的之一;传承科技内容的变化也在一定程度上反映出人与自然关系变化。

第二节　蚕桑知识传播模式演变原因探讨

　　前文讨论中提到人类社会从传统农业社会向现代工业社会的转型,也就是我们通常所说的现代化的过程。现代化作为一个世界历史的进程,发端于西欧,逐渐辐射到欧洲全境及北美,继而蔓延至亚、非、拉各地。于西方国家而言,特别是西欧诸国,其现代化的过程是其社会经济、政治、文化、科技等方面内在的、自发的、渐进的发展历程。而其他国家,特别是亚、非、拉国家的现代化则多属于诱发型,受国际环境的影响,在相对较短的时间内发生社会变革。我国的现代化历程就是属于后者。这也是前文中一再提到的我国近代社会转型的具体所指,在国内外诸因素的影响下,在百余年的时间内我国的政治、经济、文化等方面都经历了一个从解构到结构的重构历程。在这一过程中,中国文化和其他文化在政治、经济、文化、科技等各方面进行了深入、全面的碰撞、交流,而且到目前为止,这一过程尚在继续。这是探讨我国蚕桑科技传承模式演变的大的历史背景。

　　科学技术的发展为现代化提供了巨大的促进作用。近代科学的最大特征是将数理逻辑推理与实验相结合,二者相互印证,从而使人类在认识自然的过程中取得了长足的进步。正如马克斯·韦伯指出:"从原则上说,再也没有什么神秘莫测、无法计算的力量在起作用,人们可以通过计算掌握一切。而这就意味着为世界祛魔……技术和计算在发挥着这样的功效,而这比其他任何事情更意味着理智化。"①相应的,人们认为"知识的真正目的、范围和职责……在于实践和劳动,在于对人类从未揭示过特殊事物的发现,以此更好的服务和造福于

---

① [德]马克斯·韦伯.学术与政治[M].冯克利,译.北京:外文出版社,1997:15.

人类生活。"①于是,在"工具理性"的支配下,新的科学、技术不断出现,并不断被应用于生产,大大提高了劳动生产率。各种各样的技术发明,包括珍妮纺纱机、织布机和蒸汽机,为工业化的快速发展提供了基础。机器的大量集中使用,生产流水线的建立,生产流程被制度化,于是近代工厂开始出现。煤、石油等新型能源开始替代传统的人力、畜力成为新时期的最主要能源。新技术以新的能源体系作动力,大规模集体生产开始大规模出现。人类正在进入一个全新的工业化时代。

市场不断扩张,世界性的市场经济体系开始形成。大规模工厂化生产使得物质产品更加丰富,传统的商业流通方式也正在被新的流通方式所代替。技术的进步促进了工业的发展,并为消费品在国内外拓展了新的市场。工厂根据劳动分工的原则和经济领域的不同而建设。工业革命以前,人们生产的大部分产品用于自己的消费,工业化打破了生产与消费的统一,使生产与消费开始分裂。19世纪末,技术变革和工业化的扩展伴随着全球金融体系一体化的深入而进行,世界性的经济体系开始形成。由于市场自我扩张、自我强化的特性,市场交换的繁荣反过来进一步鼓励了劳动分工,并导致了生产效率的大幅增加。"一个自我扩张的进程发动起来了。"

思想上的"祛魅"。古希腊人相信自然有灵,到了中世纪,人们认为自然变成了上帝的创造,而现阶段,自然则变成了算术和几何学的客观对象。"笛卡尔的哲学……完成了或者说极近乎完成了由柏拉图开端而主要因为宗教上的理由经过基督教发展起来的精神、物质二元论……笛卡尔体系提出来精神和物质界两个平行而彼此独立的世界,研究其中一个能够不牵涉另外一个。"②"主体与外在自然相处的目的是为了自我捍卫。思想追求的是用技术征服外在自然,进而在熟悉的基础上适应外在自然,而外在自然客观地反映在工具行为的活动范围内。决定物化意识结构的是'工具理性'"。③在韦伯看来,现代性是一个"祛

---

① [德]霍克海默·阿道尔诺.启蒙辩证法[M].渠敬东,曹卫东,译.上海:上海人民出版社,2003:2~3.

② [英]罗素.西方哲学史(下卷)[M].北京:商务印书馆,1976:91.

③ J.Habermas, The Theory of Communicative Action, vol.1, Boston: Beacon Press and Cambridge: policy Press In association with Basil Blackwell, Oxford, 1984:378~379.

魅"的过程,"通过精益求精的设计合适的手段,有计划、有步骤的达到某种特定的实际目的"。①

总之,在现代化的过程中,科学技术得到迅猛发展,煤炭、石油等化石燃料成为主要的动力来源,大规模机器化生产为特征的工业化程度不断提高。劳动分工日趋复杂,专业化程度越来越高。物质极大丰富,并建立起庞大的世界市场体系。在"工具理性"支配下,"自然被动的臣属于他面前的人类"。蚕桑业分工日趋细化、工厂生产替代传统手工生产、全球化贸易体系的建立等前文讨论的蚕桑业生产及蚕桑科技传承模式演变过程,便是在此背景下的适应和发展的过程。

我国的现代化属于诱发型,面对"数千年未有之大变局",在短短百余年间整个社会的政治、经济、文化以及相关的制度体系发生着深层的重构(这一过程至今仍在继续)。这种重构、自我更新是在与伴随着现代化而来的西方文明碰撞、交流的过程中进行的。以下通过不同学者对中西文明的对比梳理,可以窥其一斑。

梁漱溟先生在讨论中西文化时,指出中西文化在思想、研究对象、科学、科学与社会关系、学术研究与经济等维度具有明显差异。

表11- 5　中西之别②

西洋	中国
心思偏于理智 满眼所见皆物,不免以对物者对人 科学大为发达 科学研究与农工商诸般事业相通,相结合 学术研究促进了农工商业,农工商业引发了学术研究,学术与经济二者循环推动,一致向大自然进攻。于是西洋人在人生第一问题上乃进步如飞,在人类第一期文化上乃大有成就,到今天已将近完成	心思偏于理性 忽失于物,而看重人 科学不得成就 把农工商业划出学术圈外 学术研究留滞于所到地步,一般经济亦留滞于所到地步。且学术思想与社会经济有隔绝之势,鲜相助之益,又加重其不前进。于是中国人在人生第一问题上陷于盘旋状态,在人类第一期文化上成就甚浅,且无完成之望

① 马克斯·韦伯.儒教与道教[M].王荣芬,译.商务印书馆,1997:32.
② 梁漱溟.中国文化要义[M].上海:上海世纪出版集团,2012:266.

20世纪前半叶,我国思想界发生过一次有关以农立国还是以工立国的大讨论,章士钊先生在《甲寅》杂志上发文,对"农国""工国"进行讨论,其主要观点如下。

表11-6　章士钊论"农国"与"工国"[①]

农国	工国
讲节欲,免无为,知足戒争	纵欲有为,无足贵争,期于必得
尚俭,贵为天子亦卑宫室恶衣服菲饮食,商业"易于居奇""一体贱之",工业"奇技淫巧,为之有禁"	尚奢,帝王居处之壮观,大道朱楼之宏丽,即吾国之京都"不及其什一",豪商所享,远过通侯,人欲无厌,趋利若渴
尚清静,兴太平,除盗安民,家给人足	言建设,求进步,争于物质
讲礼仪,尊名分,严器数	标榜平等
重节流,尚苦行,贵谦恭	以开源为上,以求幸福欢娱为上,以勇往直前为上
重家人父子,推爱及于闾里亲族	视伦理之爱别为一道
恶讼,涉及财产之争,法官常舍律例,言人情,劝之息争	财产之事,毫不让步,全部民法,言物权债权者十之八九
以试科取人,言官单独风闻奏事,不喜朋党	比周为党,立代议制,朋分政权

两位学者分别从各自的角度,对中西文化、农国工国进行讨论,通过对比我们也可以从一个侧面看出中国传统文化与现代文化的差异。例如,在人与自然关系方面,中国传统文化追求的是"天人合一",人要"赞天地之化育",而西方文化,特别是西方近世文明则相信人们可以经由理性化的过程去理解、诠释,进而操作、控制、利用自然,这是东、西分野所在。此外,正如季羡林先生指出,"两大文化(东方文化、西方文化——笔者注)体系的根本区别来源于思维模式之不同。东方的思维模式是综合的,西方的思维模式是分析的"。对此,钱穆先生也指出"西方学术重区分;中国则重融通。故西方科学必另自区分为一大类;中国科学则仍必融通与此一大体之内。西方科学家观察外物,全从一种区分精神;

① 章士钊. 农国辨[J]. 甲寅周刊(第一卷·第二十六号).1926(1):8~13;李彦秋. 章士钊的"农业文明"论[J]. 史学集刊,2008(11):45~46.

中国有科学家,亦仍必以完整的全体的情味来体会外物。"①"东方文化基础的综合的模式,承认整体概念和普遍联系,表现在人与自然的关系上就是人与自然为一整体",西方文化"在尖刻的分析思维模式指导下,西方人贯彻了征服自然的方针"。②

2009 年 2 月,在镇江召开的国家蚕桑产业技术体系建设会议,针对当前产业发展存在的自成体系、分散重复、整体运行效率不高等问题,提出了由首席科学家总体规划、负责,构建科学合理的蚕桑产业技术体系框架,建立高效有力的产业技术体系运营机制,确立重点研发的产业技术项目。其中,现代农业技术体系建设强调合理规划责任,强化协同配合;遵循产业规律,推动协调发展等。或许,是对当前蚕桑业、蚕桑科学,乃至整个科学技术及其产业面临困境的一个突破的开始。

第三节　蚕桑知识形成传播对科学教育的启示

蚕桑科技传承模式及其演变研究对当下科学教育具有重要的启示价值和意义。

在最初的家庭生产生活中,人们进行的是从种桑、养蚕到缫丝、纺织等全环节生产技术的传承,生产者在生产过程中掌握上述的所有技术。随着社会分工的发展,蚕桑业开始出现分工。从蚕桑产业发展的角度来看,先是缫丝和纺织的分离,接着又是纺织、服装、印染等环节的分离,并且在某一行业内部也存在明显的劳动分工。随着社会分工的进一步发展,与之相伴,以前全环节传承的蚕桑科技也逐渐开始分科传承、分块传承。并且,受教育者很可能会终生以此为其主要职业。过度专业化最终需要的只是人的部分功能,而非"全人"。对

① 钱穆.中国现代学术经典·钱宾四卷·中国文化史导论[M].石家庄:河北教育出版社,1996:883.
② 季羡林."天人合一"新解[J].中国气功科学.1996(4):14~15.

此,英国学者约翰·罗斯金指出"说实话,被分工的不是劳动,而是人"。

无可否认,专业化教育实行分科培养人才,所培养的人才具有某一方面或者某几方面的知识和技能,能够满足社会某个环节或者岗位的需要,具有其自身的合理性,是适应社会发展的产物,并基本满足了社会的需求,促进了社会的进一步发展。

再进一步讲,近几百年来,西方经历了文艺复兴、启蒙运动以及后来的工业革命,形成了所谓的"现代文明","现代文明"的特质就是工具理性的合理化。人们在摆脱以神为中心的同时,开始"以人为中心去看这个世界,去理解这个世界,去解释这个世界,去运用这个世界,去操作这个世界,去控制这个世界"[1],于是形成主客对立,事物被对象化,一味地强调主体对客体的征服。在这个过程中教育发挥了巨大的工具性作用。

但是,我们同时应该看到专业教育在强调教育工具性的同时,却逐渐忽略了教育是什么。因为教育并不仅仅是要教人们能够做什么,换句话来说,教育除了工具性的一面,还具有更深的含义所在。所以,有学者指出"这五百年来的人类,现在所面临的严重问题是:主体的对象化活动彻底地发展所造成的严重后果,它使得主体跟客体分离开来,且主体又从自身脱落出来而对象化出去,所以主体就变成空洞的了"。[2]最终,心"亡其宅",人被异化。

从人的发展的角度而言,分科教育发展了个体在某些方面的能力,但正是因为发展的是某些方面的能力,增强了其工具性一面,所以最终可能走向了马尔库塞所谓的"单向度的人",而失去了人的整体性、系统性。对此,A.J.赫舍尔指出:"我们关心的是人的整个的存在(existence),而不仅仅是或主要是它的某些方面。大量的科学活动致力于探索人类生活的不同方面,比如,人类学、经济学、语言学、医学、生理学、政治学、心理学、社会学。然而,任何孤立的探讨人的某种机能和动力的专门研究,都是从特殊的机能或动力出发来看待人的整体性

---

① 林安梧.论"保合太和":《易经》与21世纪人类文明的展望[C]//中国叶圣陶研究会编.和合文化传统与现代化.北京:人民教育出版社,2006:280.

② 林安梧.论"保合太和":《易经》与21世纪人类文明的展望[C]//中国叶圣陶研究会编.和合文化传统与现代化.北京:人民教育出版社,2006:280.

的。这些做法使我们对人的认识越来越支离破碎,导致了人格的破裂,导致了比喻上的误解,导致了把部分当作整体。"①

《论语》中有"君子不器",又有"志于道、据于德、依于仁、游于艺",历代学者对此多有阐述。这些对于当下在教育中如何培养全面发展的人具有切实的参考和借鉴价值。

---

① [美] A.J.赫舍尔.人是谁[M].隗仁莲,译,安西孟,校.贵阳:贵州人民出版社,1994:4.

附录一
地方政府劝科农桑活动

地方政府劝科农桑活动

作者	书名	推广地	时间	职务	备注
氾胜之	氾胜之书	关中地区	西汉后期	议郎	原书失传,第十七篇论桑
王 景	蚕织法	安徽合肥	建初八年	太守	"又训令蚕织,作为法制"
崔 寔	四民月令	北方地区	东汉	太守	东汉流传下唯一综合性农书
贾思勰	齐民要术	山东淄博	后魏初年	太守	种桑柘附养蚕
孙光宪	蚕书	四川、两湖	五代至北宋	刺史	地方性蚕书,已失传
秦 观	蚕书	兖州、吴中	北宋	不详	最早专论养蚕缫丝文章
楼 璹	耕织图	临安于潜	南宋	县令	织图24幅附诗,一时朝野传诵几遍
韩 氏	韩氏直说	黄河流域	金元	不详	总结了养蚕"八宜",失传
不 详	士农必用	北方地区	金元	不详	桑树嫁接栽植养蚕,论述独到
不 详	农桑要旨	山东	金元	不详	桑、桑病虫
佟延直	务本新书	北方地区	元初	不详	最早讲绳播桑种、扦插,养蚕方面总结出"十体"
王 祯	王祯农书	旌德、广丰	元代	县尹	养蚕技术、栽桑技术、图谱
鲁明善	农桑衣食撮要	安徽寿县	延佑元年	不详	月令体裁
黄省曾	蚕经	苏杭嘉湖	嘉靖年间	不详	叙述简明
徐光启	农政全书	全国	明后期	宰相	集中讲述江南蚕桑生产经验
宋应星	天工开物	江西分宜	崇祯十一年	教谕	浙江蚕桑生产技术
沈 潜	蚕桑说	四川罗江	乾隆七年	知县	浙江嘉兴一代技术"潜系浙人,生长于蚕桑最佳之处,知之甚悉,因将树桑育蚕之法,备述于后,若能依法为之,百无一失也"

续表

作者	书名	推广地	时间	职务	备注
客尔吉善	养山蚕成法	山东、陕西	乾隆八年	巡抚	分有春、秋季养山蚕法,养椿蚕法,柞茧捻线法等
劳世源	蚕桑说	四川雅安	雍正至乾隆年间	知县	
方观承	看蚕词	两浙	乾隆年间	巡抚	
韩梦周	养蚕成法	安徽来安	乾隆年间	知县	
王成祉	蚕说	四川丰都	乾隆年间	知县	讲述山东柞蚕放养技术
郝敬修	养山蚕说	陕西汉阴	乾隆三十六年	知县	文并图
陈斌	蚕桑杂记	安徽合肥	嘉庆年间	知县	
丁周	农桑杂俎	湖北应城	嘉庆年间	知县	
叶世倬	桑蚕须知	陕西安康 四川大足 四川大足	嘉庆十二年 同治七年 同治十一年	不详 不详 知县	罗廷权、王德嘉等多次刊印
凌君泰	教种橡说	贵州镇远	道光初年	不详	
周凯	劝襄阳士民种桑诗说	襄阳府	道光年间	太守	主要包括种桑十二咏,饲蚕十二咏
刘祖宪	橡蚕图说	贵州安平	道光年间	县令	柞蚕放养、缫丝织绸、工具
周春溶	蚕桑宝要	四川荣昌 贵州遵义	道光初年 道光十九年	知县 知府	黄乐之(刊印)
杨明飏	蚕桑简编	陕西汉中 陕西三原	道光九年 光绪十五年	中丞	三原县署重刻,名《杨宗峰中丞蚕桑简编》
陆献	山左蚕桑考	山东	道光年间	不详	论述了在山东推广蚕桑
郑珍	樗蚕谱	贵州遵义	道光年间	知州	根据知州推广蚕桑所撰写
沈练	蚕桑说	安徽绩溪 浙江归安	道光年间 光绪十六年	训导 不详	携妻儿推广蚕桑技术
何石安 魏默深	蚕桑合编	江苏丹徒 江苏丹徒	道光二十三年	不详 不详	道光二十四年,知县沈瑞昌推广蚕桑,重刊

续表

作者	书名	推广地	时间	职务	备注
邹祖堂	蚕桑事宜	安徽建平	道光年间	巡检	"拣买桑秧,付诸民间",由妻子推广饲养缫丝等技术。内容包括"培养桑树法""饲蚕法""抽丝全图"等
常 恩	放养山蚕法	贵州黎平	道光、同治	太守	
吴树声	沂水桑麻话	山东沂水	咸丰年间	知县	从实际出发,颇具地方特色
沈 练	广蚕桑说	安徽休宁 浙江海宁	咸丰、同治	不详	包括"培养桑树法""饲蚕法"。后由海宁县署重刻
尹绍烈	蚕桑纪要合编	江苏淮安	同治年间	知府	书末附有"清河蚕桑局规条""董事每月应办事件"、"蚕桑局显明缫丝利厚易知单""蚕桑局简明养蚕易知单""蚕桑局简明种桑易知单""作兴教民栽桑养蚕缫丝大有成效记"等。
宗星藩	蚕桑说略	湖北蒲圻 安襄陨荆	同治年间 同治七年	知县	将浙人做法与本地相结合;安襄陨荆道署重刻
沙石安 迮常五	蚕桑汇编	江苏丹阳	同治八年	知县	
方俊颐	淮南课桑备要	江苏扬州	同治年间	盐运	
吴 烜	蚕桑捷效	江苏江阴	咸丰同治	不详	亲自实践反映当时先进技术
沈秉成	蚕桑辑要	江苏镇江	同治十年	不详	告示规条杂说图说乐府
曹笙南	五亩居桑蚕清课	安徽当涂	同治年间	教谕	
陈光熙	蚕桑实际(济)	四川夔州	同治年间	知府	为知府荆德模推广蚕桑所写
汪日桢	湖蚕述	浙江乌程	咸丰年间	编撰	
任兰生	蚕桑摘要	安徽寿州	光绪年间	候补道	采购湖桑,募聘"业桑之人"传授技术

续表

作者	书名	推广地	时间	职务	备注
仲昴庭	广蚕桑说辑补	浙江严州	光绪年间	知府	为知府宗源瀚推广蚕桑所写
张世准	蚕桑俗歌	贵州遵义	光绪四年	学官	
恽畹香	蚕桑备览	湖南永州	同治光绪年间	不详	
林肇元	种橡养蚕说	贵州	光绪初年	巡抚	
方大湜	蚕桑提要	湖北襄阳	光绪年间	不详	
温中翰	桑蚕问答	浙江龙游	光绪初年	不详	
不 详	蚕桑辑要	直隶省	光绪年间	不详	
马玉山	蚕桑简易法	山西解州	光绪年间	知县	
谭钟麟	蚕桑辑要	陕西	光绪年间	督抚	
涂朗轩	蚕桑织务纪要	河南	光绪七年	巡抚	公文集
黄世本	蚕桑简明辑说	江苏靖江	光绪八年	知县	
黄寿昌	蚕桑须知	浙江天台	光绪年间	不详	由生产实践总结而来
江毓昌 李前泮	蚕桑说	江西瑞州 浙江东阳	光绪年间 光绪年间	知府 知县	江氏撰李氏重刻。江氏购湖桑、雇湖匠蚕师教习传授技术
李有棻	桑麻水利族学汇存	湖北武昌	光绪十三年	不详	
黄仁济	教民种桑养蚕缫丝织绸四法	广西	光绪十五年	督办推广	歌谣体裁,介绍广东蚕桑技术
羊复礼	蚕桑摘要	广西镇安	光绪年间	知府	因就粤人所习者,纂辑其要
张行孚	蚕事要略	浙江湖州	同治光绪	不详	
卫 杰	蚕桑浅说	直隶	光绪十八年		讲述北方蚕桑技术
卫 杰	蚕桑萃编	直隶	光绪十八年		诏谕推广全国

续表

作者	书名	推广地	时间	职务	备注
江国璋	教种山蚕谱	四川宜宾	光绪二十年	不详	赴遵义雇蚕师购蚕种
卫　杰	蚕桑图说	直隶	光绪二十一年		
王世熙	蚕桑图说	江苏太仓	光绪二十一年	不详	
曾怀清	蚕桑备要	陕西	光绪二十一年	布政史	全省推广蚕桑技术,介绍西人技术
刘青藜	蚕桑备要	陕西三原	光绪二十二年	知县	
赵敬如	蚕桑说	安徽太平	光绪二十三年	知县	为知县推广技术所作,书中介绍了西方近代相关科技
叶向荣	蚕桑说	陕西西安	光绪二十二年	知县	
吕广文 关钟衡	蚕桑要言	浙江天台 浙江黄岩	光绪二十二年	训导 知县	
刘古愚	养蚕歌括	陕西	光绪二十三年	不详	诗歌体裁,浅显易懂
蒋　斧	粤东饲八蚕法	江苏苏州	光绪二十三年	不详	
郑文同	蚕桑辑要	兰溪县	光绪二十四年	学官	
黄秉钧	续蚕桑说	浙江金华	光绪二十五年	知县	
范村农 石祖芬	农桑简要新编	山东泰安	光绪二十七年	知府	
曹　倜	蚕桑速效编	山东	光绪二十七年	不详	"种桑育蚕之家获利甚巨" "救荒之善策,治贫之良方" "况自通商以后,丝价桑叶之昂,尤为历来所未有"
四川蚕桑公社	蚕业白话	四川	光绪年间		普及蚕桑技术的通俗读物
赵渊	蚕桑摘要	四川德阳	光绪二十八年	不详	
龙璋述	蚕桑浅说	江苏泰兴	光绪二十八年	县事	
饶敦秩	蚕桑简要录	四川南溪	光绪二十八年	知县	

续表

作者	书名	推广地	时间	职务	备注
潘守廉	栽桑问答养蚕要术	河南南阳	光绪二十八年	知县	
王文甫	野蚕录	安徽	光绪三十一年	科员	安徽劝业公所
李向庭	蚕桑述要	杭州	光绪二十九年	出纳	杭州蚕学馆;"欲采西法之长,以补中法之短"
李君凤	蚕桑说	四川	光绪后期	不详	
林志恂	蚕桑浅要	云南	光绪三十年	不详	采用西方先进技术
曹广权	推广种橡树育山蚕说	河南禹州	光绪三十年	知事	
徐廷瑞	汇纂种植喂养椿蚕浅说	山东德平	光绪三十年	知县	
王戴中	椿蚕说	河南叶县	光绪三十一年	知县	
蚕业讲习所	蚕桑简法	安徽	光绪三十一年	劝业道	博采中西养蚕成法,结合自己经验
陈祖善	中西蚕桑略述	江西	光绪三十一年	不详	蚕桑宗旨"务在推广,务在劝导"
周锡纶	蚕桑辑要略编	河南	光绪三十一年		作者任职于河南蚕桑总局
陈干材 徐谦山	蚕桑白话	贵州	光绪后期	巡抚	为贵州巡抚推广蚕桑技术而作
夏与赓	山蚕图说	四川合江	光绪年间	不详	
姚绍书	南海县蚕业调查报告	广东南海	光绪后期	知县	
曾韫	柞蚕杂志	直隶	光绪后期	不详	内容乃辽宁情形
江志伊	饲蚕法	贵州思南	光绪后期	知府	介绍日本技术
饶敦秩	蚕桑质说	四川南溪	光绪后期	知县	
章振福	广蚕桑说辑补校订	浙江归安	光绪后期	不详	

续表

作者	书名	推广地	时间	职务	备注
孙尚质	橡蚕刍言	湖北施南	光绪三十四年	知府	由知府进行技术推广
徐鹏翊	橡蚕新编	吉林	光绪三十四年 宣统元年	委员	吉林山蚕局试办山蚕委员
安徽劝业道	烘山蚕种日记簿	安徽	光绪三十四年	安徽劝业道署	"此书系养桑蚕日志表式,藉作烘山蚕种考校寒暖度数之用"
徐矩易	山蚕演说	四川叙永	光绪三十四年	不详	
张 培	劝业道委员调查奉省柞蚕报告书	辽宁	光绪三十四年	劝业道委员	柞蚕放养、丝绸业、销售等所做调查
张 瀛	吉林省发明柳蚕报告书	吉林	宣统元年	劝业道委员	
董元亮	柞蚕汇志	浙江	宣统元年	劝业道委员	
徐 澜	柞蚕简法 柞蚕简法补遗	安徽	宣统元年 宣统二年	农务科长	安徽劝业道署
安徽柞蚕传习所	安徽柞蚕传习所试育柞蚕第一次报告书	安徽	宣统二年	柞蚕传习所	
安徽劝业道署	安徽劝办柞蚕案	安徽	宣统二年	安徽劝业道署	
朱 铣	山蚕讲义	贵州	宣统三年	贵州劝业道	

注:1.本表据华德公《中国蚕桑书录》一书内容整理而成;2.此表中的确切时间是指在某一年成书刊印;3.词表中著作的作者和重刊者均有明确说明,部分著者和推广者不同者也有明确说明。

附录二

全国各省设立甲种实业学校情况一览表

自民国元年五月起至五年七月底止

省区别	校别	科校	地点	教职员		现有学生		毕业学生	经费	立案年月
				教员	职员	班数	人数			
直隶	公立农业专门学校附设甲种农业讲习所	农科 林科 蚕科	清苑	15	5	3	119	81		一年八月
	省立甲种工业学校	染织	清苑	11	5	8	301	143	14232元	三年十二月
	公立工业专门学校附设甲种工业讲习所	染织	天津	9	5	3	105	75	15168元	三年十二月
奉天	省立甲种农业学校	农科 林科 蚕科	省城	21	7	5	126	436	56388元	三年八月
山东	省立第一甲种农业学校	农科 林科 蚕科	益都	7	6	3	71	70	8124元	三年五月
	省立第二甲种农业学校	农科 蚕科	滋阳	6	5	2	49		4161元	四年一月
	省立农业专门学校附设甲种农业讲习科暨农业教员养成所	农科 林科 蚕科	省城	6	7	甲3 教1	150 41	甲 111		一年八月
	济宁道立甲种工业学校	染织 画绘	济宁	10	4	3	147		12683元	五年六月
	省立工业专门学校附设甲种工业讲习科	金工 染织	省城	12	7	4	137			三年一月

续表

| 省区别 | 校别 | 科校 | 地点 | 教职员 | | 现有学生 | | 毕业学生 | 经费 | 立案年月 |
				教员	职员	班数	人数			
河南	省立甲种农业学校	农科 林科 蚕科	省城	9	4	2	103	120	8983元	二年五月
	省立河北农业学校	农科 林科 蚕科	沁阳	8	6	3	60	86	7600两	一年五月
	省立汲县甲种农业学校	农科 蚕科	县城	7	4	1	39	38	7000元	二年十二月
	项城县县立甲种农业学校	蚕科	县城					22		二年二月
	邓县县立甲种蚕业学校	蚕科	县城					15		二年二月
	省立洛阳甲种蚕业学校	蚕科	洛阳	7	4	2	117	55	6564元	二年八月
	省立长葛县甲种蚕业学校	蚕科	县城	4	3	2	60	33	1359千	二年八月
	杞县县立甲种农业学校暨附设乙种农业讲习科	农科 林科 蚕科	县城	5	3	乙2 甲2	96 86	15	5000元	四年一月
	新郑县县立甲种蚕业学校暨附设乙种蚕业讲习科	蚕科	县城	4	4	甲1	26	24 23	3624千	三年二月
	太康县县立甲种蚕业学校暨附设乙种蚕业讲习科	蚕科	县城	8	3	甲1 乙1	60 41	19	508两	四年二月
	省立第一甲种工业学校	染织	省城	7	5	1	58	162	5080元	二年二月

续表

省区别	校别	科校	地点	教职员		现有学生		毕业学生	经费	立案年月
				教员	职员	班数	人数			
山西	省立第二甲种农业学校	农科蚕科附商科	安邑	20	8	6	234	28		三年一月
江苏	省立第二甲种农业学校	农科蚕科	吴县	26	22	4	418	69	70702元	三年六月
	省立第二甲种工业学校	土木机织染色水产	吴县	30	10	7	198	84	57280元	三年三月
安徽	省立第二甲种农业学校	农科蚕科	芜湖	14	8	4	157	45		四年十二月
福建	省立甲种蚕业学校暨附设女子职业班	蚕科	省城	9	7	甲2女1	57 20	13 7		四年三月
浙江	省立甲种蚕业学校	蚕科	西湖	13	9	3	92	99	15499元	三年二月
	省立甲种工业学校	金工机织染色	省城	40	20	10	509	17	42337元	三年二月
湖北	省立甲种农业学校 广济县永兴私立甲种农业学校 省立甲种工业学校	农科林科蚕科	省城	17	8	4	175	26	13380元	三年七月
		蚕科	上乡	8	6	1	38		3100千	四年一月
		电气染织金工图案	省城	29	11	5	194	58	25392元	三年四月

续表

省区别	校别	科校	地点	教职员 教员	教职员 职员	现有学生 班数	现有学生 人数	毕业学生	经费	立案年月
湖南	省立甲种农业学校	农科 林科 蚕科 兽医	省城	23	13	6	154	113	35000元	三年十月
	私立务训甲种农业学校	农科 蚕科	衡阳	10	5	4	20	75	基金3210元 租谷481石	四年七月
	私立务实甲种农业学校	蚕科	芷江	8	5	2	70	12	1000元	四年五月
	省立甲种工业学校暨附设乙种工业讲习科	染织 机械 金工	省城	26	9	乙6 甲2	320 30	18	甲48148元 乙11199元	三年十一月
陕西	省立甲种农业学校	农科 林科 蚕科 中学	省城	14	10	甲4 中3	137 180	14	18000元	四年九月
	省立甲种工业学校暨附设艺徒班	染织	三原	10	12	甲5 乙2	144 70			三年五月
四川	省立第一甲种工业学校	染织	省城	15	10	2	75			四年二月
广西	省立甲种农业学校	蚕科	苍梧	8	4	3	124	21	11096元	三年十月
	省立第一甲种工业学校	土木 染织	桂林	11	4	2	100		14958元	三年七月
云南	省立甲种农业学校	农科 林科 蚕科	省城	18	7	5	259	316	43633元	三年十月

注:该表整理自"全国各省设立甲种实业学校情况一览表",中国近代教育史资料汇编.实业教育 师范教育[M].上海:上海教育出版社,2009年,第293~302页。

附录三

设立养蚕学堂章程
光绪二十三年一月初五日（1897年2月6日）

一、学堂以省垣为主，学生学成后，即分带仪器，派往各县并嘉湖各府，劝立养蚕工会，以为推广。

一、教习或两人，或先请一人，必精于蚕学，在外国养蚕公院给有凭据者，方能充选。此最紧要，为全局之关键。

一、学生年在二十内外，要聪明静细，并已通文义者，招考时先录取三十名或五十名存记，挨班到堂学习，学成派出，所遗名额，随时递补。查奥国学堂，学生至五百名之多，女工来学至四百名，故其所产，比前以十倍记，初年所查蚕蛾只十万，其后至一百九十一万。今学堂不收女工，惟学生不能太溢，当节省别项经费，以扩名额。

一、学生课程，须由教习手订，大概：一、习用显微镜之法。二、蚕之安那多米。三、蚕之费音昔讹乐际。四、访求百撒灵之病。五、蚕病缘由，及防止蚕病法。六、养蚕之理如何合宜法。

一、广购六百倍显微镜，酌量经费，愈多愈好；并购一切仪器，及考验各药水。

一、先行翻译日本蚕书图说，成书后要广印传播。

一、中国图学久废，宜仿外国所绘种种蚕病，刊印成书，以资考验。外国最重图学，各学堂各厂局，往往专立绘事院。今经费未充，只能略为变通，但必须购用洋纸，以洋法仿画仿印，方能丝毫描出。

一、中国养蚕有未及吐丝而病僵，或未僵而倾弃者，贫民亏折工本，至于破家，此由病瘟者半，由天气暴寒暴热，炭火过度者亦半。今不能如外国之造熇房，亦宜以寒暑表为准，日本此表价值不过百文，当由局采买，听民间零星来购。

一、广购外国蚕子纸，考验选种配种之法。

一、颁及谕帖，准学生造卖蚕子纸，并禁妄造蚕子纸。因为各国成法，中国似须察看地方情形,不能拘泥。但使风气大开,果有效验,如某某数家同养若干蚕,采若干桑,向日只出丝若干,今能多出若干,成本愈轻,养蚕愈众,人人将争讲新法矣。

一、学堂初创,修造房屋,购买外国仪器,用款颇为浩繁,其余按月出款,以教习学生为最;其次则伙食工役,人夫薪水;其次则译书、刻书、印书、绘图、衍说;其次则购买各国蚕子纸并各药水;其次则各乡各镇派往学生,酌给费用。今请款三万六千两,开局须先支六千两,以后三年,每年各一万两。外国养蚕学堂,所费不赀,中国帑项艰难,自不能不竭力撙节,勿得以公家之钱,分毫虚掷,丧尽天良。除学堂中酌要必需之款,与关系要用之人,必不能裁节外,其余一切经费,须肯肯节啬,总其事者,当躬自稽核,不稍避劳避怨。兹先开除办法大略,所有详细章程,容开办后随时酌定详报。

《农学报》,1897年.10:5~8.

浙江蚕学馆表

禀设原由:

杭州府林迪臣太守自光绪二十二年春莅任以来,考求蚕丝业之衰旺,因浙江民间养蚕岁比不登,遂取康发达蚕务条陈设局整顿之意,于二十三年夏禀请大宪发款试办。大旨以除微粒子病,制造佳种,精求饲育,传授学生,推广民间为第一义。又以外洋蚕业之胜,法创其始,日集其成,故专延日本教习教授新法;惟蚕具参用中、法、日三国所制。

准设年月:

光绪二十三年七月抚藩批准开办。

馆地:

在杭州西湖金沙港,旧为关帝祠址,今改建焉。

馆屋:

屋基估地十亩。前考种楼、饲蚕所一座,上下计一十四间;茧室一座计五间,均仿东西洋蚕房式。后考种楼公廨一座,上下计二十间,东西宅舍三十间,储叶处三间,膳食庖舍门房共十二间,均仿华屋式。

补建关帝祠屋六间。

建筑年月:

光绪二十三年九月初一日起筑。

落成时间:

光绪二十四年二月二十九日竣工。

开办经费:

建屋约用银九千三百两,购器约用银三千两,监工薪费、杂用约银一千两。

开办年月:

光绪二十四年三月十一日。

教育大纲:

一、物理学大义,一、化学大义,一、植物学大义,动物学大义,一、气象学大义,一、土壤论,一、桑树栽培论讲义及实验,一、蚕体生理,一、蚕体病理,一、蚕体解剖讲义及实验,一、蚕儿饲育法讲义及实验,一、缫丝法讲义及实验,一、显微镜讲义及实验,一、采种法讲义及实验,一、茧审查法讲义及实验,一、生丝审查法讲义及实验,一、害虫论。

总办:

林迪臣太守启。

教习:

前日本宫城县农学校教谕鹿儿岛县轰木长。

馆正:

仁和邵伯炯茂才章

馆副:

侯官林贻珊颐图,福安陈达卿宝璋

东文翻译:

尚未延订。

出洋学生监督:

日本大阪华商孙实甫淦。

出洋学生:

湖州德清附生稽侃、杭州钱塘附生汪有龄。丁酉孟冬赴日,戊戌夏,汪有龄奉浙抚廖中丞该派东京学习法律。

现在日本东京琦玉县儿玉町竟进社内习蚕,每月由学馆供给伙食束修外,各给月费十元。

考取额内学生:

计定三十名,不限本省外省,每月除供伙食外,给月费洋三元。现实到二十五名。

保送额外学生:

计定二十名,每月由学生自贴伙食,不收束修(现实到八名)。

常年经费:

第一年开办大约岁需银五千两。

《农学报》,1898年,第四十一册,5~7。

后记

　　本书是在我的博士论文的基础上形成的。编辑过程中对博士论文进行了较大的删减，并加入了近年来的几篇相关文章。

　　我最初是从蚕桑科技传承模式的角度介入这一领域。在梳理传承、传播相关概念和理论的基础上，我尝试从施教者、受教者、传承内容、传承方式、传承目的等维度建构传承模式。对于蚕桑科技传承活动而言，其传授者可能是家庭中的父、母、姑、兄、姊，作坊或车间中的师傅，也可能是蚕桑科研人员、技术人员、蚕桑学校的教师；技术承袭者可能是子、女、媳、弟、妹，作坊或车间中的学徒，也可能是蚕农或蚕学专业的学生；传承内容可能是传统经验农学范畴的知识、技术，也可能是近代实验农学范畴的知识、技术。在对历史文献和现状进行梳理的基础上，根据蚕桑科技传承模式所包含的五个维度的不同，我讨论了"家庭传承模式""劝课农桑传承模式""学校教育传承模式""作坊及工厂传承模式""农业推广传承模式""民俗器物传承模式"等不同模式，并讨论了蚕桑科技传承模式的演变。本书中第五章到第十一章的内容，属于这一部分。编辑过程中，除了个别调整，大部分内容一仍其旧。回过头来审视以前的工作，传承模式作为一种视角或者工具，让我们了解到了蚕桑科技传播的不同情形，但是我更认为模式本身是由不同要素按照一定关系组成的一个开放的系统。

　　2016年开始，我有幸到德国马克斯·普朗克科学史研究所和英国剑桥李约瑟研究所访学一年。从那时起，我开始接触Historical Epistemology理论，并开始从知识的形成与传播的角度审视、思考自己的工作。在此基础上形成了《历史知识论理论》《18世纪关中地区农桑知识形成研究——以杨屾师徒为中心》《清代前期我国蚕桑知识形成研究》《卡斯特拉尼湖州养蚕实践——基于〈中国养蚕法：在湖州的实践与观察〉的研究》《陈宏谋与陕西蚕政研究——兼论其与杨屾的交往》等文章。

在近年来的文章中,我逐渐用蚕桑知识、知识传播替代了蚕桑科技、科技传承。与原来博士阶段的研究相比,我逐渐从教育学的角度转向知识史的角度进行新的研究。博士论文研究过程中,在科技、文化、文明等词汇中进行选择时常常使我困惑,借鉴重新界定后的知识、技术、技巧等词(详见《历史知识论理论》《18世纪关中地区农桑知识形成研究——以杨屾师徒为中心》等部分)在一定程度上解决了这一问题。本书中未对传播、传承进行严格界定,二者常常混用,但总体而言,传承更多是指纵向的代际间的传播,而传播既指横向的不同地域间的传播,也包括代际间的传承。此外,本书是在广泛意义上使用蚕桑一词,它既包括种桑、养蚕,也包括缫丝、织绸等,不同语境中,其范围有所不同。

我的博士论文是在导师廖伯琴教授指导下完成的,从文章的选题、写作到成稿,再到后续的研究,廖老师的指导和鼓励使研究得以顺利开展。张诗亚教授在我论文开题、答辩过程中的建议使我对研究问题有了更加清晰的认识和理解。在此,对二位老师特致衷心的感谢!

薛凤(Dagmar Schäfer)教授、梅建军教授的邀请,使我有幸在马普所和李所进行交流,拓展了我的理论视角,也促成了本书部分内容的形成。

在博士论文写作过程中,以及后续研究过程中,承蒙很多师友的帮助,使得研究工作得以顺利开展,特致谢意。

感谢本书编辑段小佳先生的无私帮助和辛勤付出!

感谢我的家人,给了我默默支持和不断鼓励。

受限于研究视角、材料多寡、作者水平等因素,本书还有很多不足甚至错误,恳请大家谅解并指正。